回憶中的香港味道4

何故——著

陳明——插畫

回憶中的香港味道　目錄

序幕

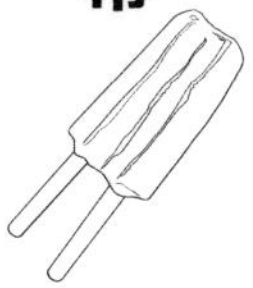

我是Akina，我是一個熱愛香港美食的日本人。

因為這個原因，我成為了一名自由記者、記錄片導演及作家。

因為我愛香港，以及各式各樣的「香港味道」，我幾乎每個月都會來香港一次。

我是透過香港電影學習廣東話，我最愛的三部香港電影，都是跟香港飲食文化有關的，分別是：

第三位，子華神主演的《飯戲攻心》，從這部電影，我除了重新認識「叉燒」，更驚訝於「白菜豬肉鍋」、「苦瓜啫喱」等奇怪菜式。

第二位，星爺周星馳主演的《食神》，因為這部電影，我認識了「黯然銷魂飯」和「醬爆賴尿牛丸」，更明白了「只要有心，人人都可以是食神！」的道理。

第一位，哥哥張國榮主演的《金玉滿堂》，這部電影讓我銘記，廚房有兩大剋星：「咕嚕肉」和「乾炒牛河」。這兩味菜式已成為了我的至愛，每次幫襯茶餐廳，我都會首選乾炒牛河。

很多香港人說日本是他們的「鄉下」，但對於我的味蕾，香港才是我的「鄉下」。

透過訪問，以及朋友的聚會，我在香港認識了很多不同界別的朋友，包括：經驗豐富的老師傅、識飲識食的文化人、擁有獨特觀點的 influencer、努力保留和傳承香港飲食文化的有志之士……

多年前，我定期為日本的飲食雜誌介紹香港的餐廳和廚師，但近年紙媒的市場嚴重萎縮，特別是在疫情之後，我終於鼓起勇氣，開啟了屬於自己的網上平台，讓我可以更自由地，推介我喜歡的「香港味道」。

受惠於電影《九龍城寨之圍城》在日本叫好叫座，帶動起另一股香港文化熱潮，讓更多日本人重新關注香港，讓大家認識不只是叉燒飯的「香港味道」。

今次再訪香港，我從機場直接前往九龍城，參觀「九龍城寨光影之旅」電影場景展，然後，曾經帶我參與了三場蛇羹的網友，特別為我籌劃了一場「香港、九龍、新界、離島美食文化之旅」，讓我在訪問不同的「美食家」前夕，可以親身見證現時香港的結業潮，豐富了我在香港的飲食體驗。

我的第一位受訪者，就是「以一碗車仔麵來教育大家如何好好生活」的「食育師」車老師……

第一章

談一場像車仔麵的戀愛

我是車老師，我是一個「食育師」。

一個以美食來教育大家如何好好生活的人生導師。

※

大家可能對「食育」這個名詞有點陌生，其實這是一個來自日本的概念，日語的羅馬拼音是「Shokuiku」。

日本於 2005 年頒布的《食育基本法》，奠定了日本完整的「食育」推動基礎，目標是「培養國民終生之健全身心及豐富的人性」，藉由健康飲食強化身心，且對於食物有感受力、對於食物供給者與製造者感恩。

「食育」的概念，重視人的身心健康，讓大家透過各種體驗，不只獲得食物的知識，更重要是學習選擇食物的能力，從而實現健康的飲食習慣。

如果說「食育」的「食」是指對農業和食物的了解，那麼，「育」就是代表了教育，而「食育」作為一種生活素養，從營養知識的學習到飲食文化的養成，都是「食育」的重要元素。

「食育」不只是飲食知識的累積，還有對飲食文化、以及飲食習慣的研究和傳承，因為「人＋良＝食」，「食」字這個漢字，可以拆解為「人」和「良」，選擇適合自己的「食」物，就可以令一個「人」變得善「良」。

「食育」作為一種素養教育，不只透過學校的教育和學習，更重要是融入生活。

我的責任是要教育大家好好生活。

※

大家知道什麼是「Comfort Food」嗎？

大家都應該擁有屬於自己的「Comfort Food」吧！

我有一位朋友，我為她取了一個外號：「朱古力」，她的「Comfort Food」是朱古力。

朱古力，的確非常適合作為「Comfort Food」！因為朱古力的成分，例如：色氨酸（Tryptophan）和苯乙胺（Phenethylamine 或 PEA），有助於增加幸福感和戀愛感覺。

我另一位朋友，我為她取了一個外號：「炸雞」，她的「Comfort Food」是韓式炸雞，配各種重口味的醬料，重點是一定要配啤酒。

熱焫焫的炸雞，加冰凍的啤酒，她選擇成為「Comfort Food」，應該是受到韓劇影響吧！食炸雞飲啤酒的時候，她會幻想自己就是那位集萬千寵愛於一身的女主角，耳畔還會響起劇集的動聽主題曲。

我另一位朋友，我為他取了一個外號：「鮑魚」，他的「Comfort Food」，大家應該不難猜到，正是鮑魚。

但是，他食鮑魚的方法，有點獨特。每當他情緒低落時，就會打開一罐即食鮑魚，他喜歡生食原隻鮑魚，然後，他就會喝掉罐裡的所有鮑魚汁。他曾經在一個晚上，消耗了十罐鮑魚。

我另一個朋友，是極品中的極品，我為他取了一個外號：「榴槤」，對！他的「Comfort Food」正是榴槤。

榴槤被譽為「果皇」，作為「Comfort Food」，可算是合情合理，但「榴槤」食榴槤的方法，比「鮑魚」食鮑魚的方法，更獨特、也更莫名其妙，他竟然是將榴槤蒸熟後，配白飯，伴豉油，實在令人難以想像。

翻查中國歷史，以及不同的中華典籍，我尚未找到跟「Comfort Food」這個擁有多重意義的外來詞語相近的說法。

或許，在過去的動蕩的歲月，梁啟超還未提出「中國」這個概念前，「中國人」無論是在所謂的漢唐盛世，還是被外族壓迫的蒙古及滿清殖民時期，都不存在「Comfort Zone」，又何來「Comfort Food」？

慶幸到了今時今日，對於「Comfort Food」這個充滿無限可能性的詞語，大家都可以有不同的理解，而且可以自由選擇，真的是各自各精彩。

但是，作為一個「食育師」，「Comfort Food」並非那麼簡單。

如果要將「Comfort Food」翻譯成為中文，實在是非常困難。

大家應該知道，「Comfort」這個英文詞語，可以有幾個不同的解釋，其中一個意思是「舒服」，或者「舒適」，「Comfort Food」難道就是代表「舒服的食物」？或者「舒適的食物」？

「舒服的食物」，就是指那些容易消化，不會刺激胃部，能夠讓整個消化系列感覺舒服的食物？好像有點不對。

「舒適的食物」，就是指那些當我們處於壓力下、或是感到不愉快時，可以讓我們身心放鬆、覺得安全、感到溫暖的食物？那麼，會否翻譯為「治癒的食物」更合適呢？

如果這樣，雖然仍在「Comfort Zone」裡，但英文應該是「Healing Food」吧！

不要忘記，「Comfort」還有另一個更重要的意思，可以翻譯為「安慰」，或者「慰藉」。

「安慰的食物」？「慰藉的食物」？總覺有點奇怪。但我聽過還有一個說法：「胃安菜」，更奇怪！

對比「胃安菜」，我反建議「安心菜」，因為這些食物的主要功效，就是「安慰」，或者「慰藉」我們的心靈吧！

如果「Comfort Food」的中文解讀，是以「安慰」，或者「慰藉」作為關鍵詞，應該較接近英文原意，但仍然有點不足。

有一點值得大家留意，「Comfort Food」並不等同於「Delicious Food」，雖然可以「安慰」，或者「慰藉」你的心靈，但並不代表一定是「美味的食物」，你的味蕾有可能會投訴的啊！

經過我多年來的觀察所得，屬於我們的「Comfort Food」，很多時間都不是人見人愛、大眾都會讚好的「美食」，極有可能是被社會的主要持份者抗拒、排斥、唾棄、甚至標籤，只有一小撮人才懂得接納和欣賞的「劣食」。

如果「Comfort Food」的重點是讓我們得到「安慰」，或者「慰藉」，那麼，到底是「美食」，或是「劣食」，又有什麼關係呢？我們為什麼要介意別人的目光和評價呢？

「Comfort Food」可以純粹是一種個人喜好，甚至癖好，可以是一些對你充滿特殊意義的食物，包括，但不限於：被回憶美化了的食物、在味蕾上留下了深深烙印的食物、曾經和你喜歡的人一起品嚐而加了感情分的食物、平時因為種種原因而不敢接觸的食物……

如果你已擁有屬於自己的「Comfort Food」，我衷心的恭喜你，並且祝福你。

這是一種緣份。

恭喜你和你的「Comfort Food」有緣遇上。

祝福你和你的「Comfort Food」可以共諧連理、開花結果。

如果你仍未找到屬於自己的「Comfort Food」，其實也不用介懷，你甚至應該感到高興。

或許，正因為你仍未找到屬於自己的「Comfort Food」，你的人生，仍然充滿無限可能！

只因為，在這個彎曲悖謬的世代，還有比「Comfort Food」更重要的食物，就是——

「Comeback Food」！

※

「Comeback Food」，具有雙重意義。

如果將「Comeback」拆開成為「Come Back」，就可以翻譯為「回家的食物」。

這是給你一種「家」的感覺的食物。

作為一個香港人，就是你最想念的香港食物。

也是當你從外國回到香港，第一時間就想去重溫美味的食物。

我認識一位已移民英國的記者朋友，我為他取了一個外號：「醃蘿蔔」，他的「Comeback Food」是雲吞麵，但並非一般粉麵店的雲吞麵，而是必須有醃蘿蔔供應的特定粉麵店，他最愛新蒲崗的某間米芝蓮推介小店。在他的眼中，雲吞麵使用的鹼水麵，跟微酸的醃蘿蔔，絕對是天生一對！

我認識一位曾經是銀行高層的後輩，現時在鬧市中開設多個有機農莊的「鮮氣女神」，我為她取了一個外號：「餅皮」，她的「Comeback Food」是餅皮蛋撻，她強調蛋撻必須吃餅皮，「餅皮」是香港的說法，台灣的說法是「牛油皮」或「曲奇皮」，她喜歡那種充滿牛油香味，鬆脆像曲奇的口感，而她每次吃餅皮蛋撻，必定會配一杯熱奶茶，香港特色的絲襪奶茶，這樣才有回到香港的感覺！

我認識一位喜歡在香港自製「輕奢之旅」的文化導賞團團長，我為他取了一個外號：「原條炸大腸」，他的「Comeback Food」正是在眾多街邊小食當中，最邪惡的炸大腸！他要求將原條大腸炸，然後切件，這樣才可以保存汁液，外脆內軟，配適量的甜酸醬和酸梅醬，完美！如果大腸切開炸，只會乾崢崢，暴殄天物！

我認識一位以「生日會的魔術師」為代號的舞台劇男演員，我為他取了一個外號：「叉雞飯」，他的「Comeback Food」是燒味店的叉燒切雞飯，他的口味是半肥瘦叉燒，即使加錢也會選雞髀，再加一碗老火例湯，因為他喜歡最後將白飯放入湯裡，變成泡飯。一碗白飯，雙重享受！

我認識另一位也是以「生日會的魔術師」為代號的舞台劇女演員，我為她取了一個外號：「七嫂」，她的「Comeback Food」同樣是叉燒飯，但她不愛配切雞，叉燒也不需要半肥瘦，卻必須要加一隻太陽蛋。她堅持這不是「黯然銷魂飯」，而是源自九龍城寨「阿七冰室」的叉燒飯，這碗有文化、有內涵的叉燒飯，她會幻想是由一名飽經風霜的二刀流光頭武者為她用心製作……

我認識一位有點知名度的飲食KOL，我為他取了一個外號：「殘念」，因為他的「Comeback Food」竟然是三小辣的雲南米線？！對不起，我真的難以接受！但我尊重他的個人口味，只是我對他的「美食推介」從此有所保留，殘念！

當然，大家可以有不同的選擇，選擇屬於自己的「Comeback Food」，正所謂「鹹魚白菜，各有所愛」。

但是，有一句英文俗諺：「You are what you eat」，字面上的意思：你愛吃什麼食物，就會變成什麼模樣。

你的「Comeback Food」，不只是代表了你的口味，也代表了你的品味，更代表了你的信仰、價值觀、以及生活哲學。

你認為我說得太誇張？請讓我來告訴你，「Comeback Food」另一個更重要的意義！

「Comeback」是一個名詞，可以解作「恢復到原本不錯的狀態」，如果搭配動詞「make」，「make a comeback」就代表「（經過低潮後）東山再起、捲土重來」，也可以代表「事物再度流行或受歡迎」。

故此，「Comeback Food」，並非簡單的食物，而是一種彷彿具有魔法效用的神奇食物！

「Comeback Food」，除了給我們一種「回家的感覺」，也可以讓我們重新振作、重整旗鼓、重見天日！

然而，很多時候，「Comeback Food」是屬於一個人吃的食物，因為通常是一個人吃才會出現魔法般的效果！

※

過去，我是一個人。

吃喝玩樂，我都是一個人。

一個人吃。一個人喝。一個人玩。一個人睡。

一個人快樂。一個痛苦。一個人療癒。一個人默默等待……

無論任何時間，在不同的狀態，我總是一個人。

一個人吃早餐。一個人吃午餐。一個人吃晚餐。一個人吃下午茶。一個人吃宵夜。一個人吃我喜歡的食物……

一個人來到這個世界，也準備好一個人離開。

有人說，一個人很孤獨，我卻認為一個人很自由。

有人說，一個人很寂寞，我卻認為被壓抑在人群中更寂寞。

有人說，一個人的選擇太少，我卻認為一個人的好處是貴精不貴多。

有人說，一人計短，二人計長，三個臭皮匠，勝過一個諸葛亮，我卻認為一個人簡簡單單地生活已足夠。

在這個彎曲悖謬的世代，生活的確是有好多選擇，但是我們並非只是要尋找一個外在的答案，我們更需要學會怎樣擁抱自己。

其實，我們做的每一個決定，都有可能影響到我們的未來。人生就好似一場遊戲，每個人都有自己的策略，有時候，我們需要冒險，有時候，就需要小心謹慎，但是結果往往都是由很多種不同的因素所決定，包括：努力、運氣、環境，以及我們身邊的人，甚至是我們當日有沒有吃早餐？或是晚餐吃了什麼？跟什麼人一起吃？

與此同時，選擇未必一定只有「對」或「錯」，有時候，只是你選擇的道路不同，路上看見的風景有不同的特色而已。最重要的是，你必須要學識享受過程，學習怎樣去適應變化，珍惜自己做過的每一個選擇，然後繼續成長，擁抱屬於自己的世界。

擁抱屬於自己的世界，是我曾經努力達至的目標。

但是，經歷了一連串難分「對」或「錯」的選擇後，卻有不同的體驗和領會。

有人說，我們要跟自己談戀愛，因為「我」不會背叛「自己」，「自己」也不會背叛「我」。

我們不只是要擁抱屬於自己的世界，更需要愛自己！

愛自己，非常重要！

你不愛自己，難道你要恨自己？

你不愛自己，你如何得到幸福和快樂？

如果連你也不愛自己，別人為什麼要愛你呢？

當然，幸福和快樂，不一定是你的選項，但是千萬不要忘記，我們的人生充滿不同的可能性啊！

「愛自己」，是我們與生俱來已擁有的一項選擇！

日本著名女演員天海祐希曾經說過「男人會背叛你，但肌肉不會！」果然是發人深省！

天海祐希為了保養身體，除了堅持運動和泡澡，她的飲食習慣也值得我們參考，因為她強調自己很喜歡吃發酵食物，特別是納豆，有助於促進腸道健康，更可以增強皮膚免疫力，改善肌膚發炎問題，讓肌膚透出健康的光澤。

果然是「You are what you eat」。

納豆，可能正是天海祐希的「Comfort Food」，也是她的「Comback Food」。

但是，納豆雖然是很有營業的食物，卻肯定不是任何人都可以接受的食物！

很多人討厭，甚至害怕吃納豆，因為聞起來有種刺鼻的怪味，吃起來有種詭異的潺滑質感，但有研究指出，納豆也許正是日本人長壽的原因之一。

當然，有人只愛美酒佳餚、珍饈百味，有人卻認為「鹹魚白菜也好好味」，不同的食物，連結我們的記憶和經驗，將會產生不同的效果。

作為一個「食育師」，經過多年來的歷練，建基於「愛自己」的大前提下，以及對「Comfort Food」和「Comback Food」的重新解讀，我已經有一種嶄新的見解和體會。

我建議大家可以嘗試跟食物談戀愛。

不是跟任何食物談戀愛，而是跟你喜歡的食物談戀愛。

人類會背叛你，食物卻不會！你吃什麼食物，這些食物都會跟你融為一體！

我之前提及的「You are what you eat」，如果更專業地解讀這句諺語，就是我們吃什麼食物，食物給予我們的營養或熱量，都會完完全全反應在我們的身體、容貌、甚至氣質上。

我建議大家立即開始跟食物談戀愛。

你可以選擇跟你的「Comfort Food」談戀愛。

但我會建議你應該跟你的「Comback Food」談戀愛。

談一場讓你可以固本培元、身心舒暢、回復最佳狀態的戀愛。

我呢？為了每一天好好生活，活出精彩燦爛的人生，我選擇談一場像車仔麵的戀愛。

車仔麵是最能夠香港的食物，雖然在很多人眼中不算是「美食」，卻是香港飲食文化的精髓所在！

車仔麵有很多不同的配搭，雖然是車仔「麵」，但不只是幼麵、粗麵、油麵、伊麵和公仔麵，還有米粉、河粉、瀨粉、粉絲、米線、以及我最愛的銀針粉，大家亦可以選擇烏冬、拉麵和蒟蒻麵等日式粉麵，甚至可以選擇「剩餸」，「走米線、轉菜底」，即是將粉麵轉為生菜。

至於餸菜方面，簡直是花多眼亂，層出不窮！除了最基本的豬皮、豬紅、蘿蔔和魷魚，以及傳統常見的魚蛋、魚片頭、牛丸、墨丸、貢丸、芝心丸、紅腸、腸仔、芝士腸、雞翼尖、雞中翼、瑞士雞翼、鳳爪、螺肉、午餐肉、豬頸肉、豬大腸、牛腩、牛肚、牛筋、雲吞、水餃、韭菜餃、蟹柳、酸齋、豆卜、炸響鈴、枝竹、生根、冬菇、金菇、以及其他時菜，有些店舖還會有沙嗲牛肉、五香肉丁、回鍋肉、日式叉燒、溫泉蛋、甚至是花膠！

在我眼中香港車仔麵第一名，正是位於紅磡的「蒙麵」，充滿特色的美味餸菜包括：溏心鹵蛋、新鮮花甲、香茅魚餅、蠔仔煎蛋、脆香多春魚、香煎腐皮角、芝士竹輪卷、鹵包仔豆腐，令人嘆為觀止！「蒙麵」的溏心鹵蛋，精選鴨蛋，所以特別美味！「蒙麵」的辣味魷魚，秘製辣汁非常惹味，而且是大大條活力充沛的魷魚鬚，令人回味無窮！

來到「蒙麵」，強烈推薦售完即止的新鮮花甲！另一必食心水，就是即叫即燒的招牌蜜汁叉燒串！嚴選脢頭肉，以自家醬汁醃製，即場由生燒到熟，外焦內軟，肉汁豐富，香甜味美，等待十多分鐘也值得！「蒙麵」表面上是一間車仔麵店，卻不只是車仔麵店，甚至有可能是被車仔麵耽誤了的串燒店！

湯底方面，最普通的是清湯，喜歡濃味的話，可以加腩汁、沙嗲汁或咖喱汁，很多車仔麵店都有自家秘製的辣椒醬，有些還有香辣菜甫供應，有些車仔麵店更會有龍蝦湯底，配不同的海鮮，而「蒙麵」的升級精選湯底，包括：特濃蕃茄薯仔湯、馬來喇沙湯、以及內附有芽菜和韮菜，可以選擇大中小辣的重慶麻辣湯，各適其適。

小小一碗車仔麵，就像是濃縮了的大世界，簡直就是東南西北方文化的總匯！

車仔麵可以有不同的配料，可以有很多不同的選擇，不需要墨守成規，可以為我們的人生，增添更多意想不到的可能性！

車仔麵是我的最愛的香港美食！既是我的「Comfort Food」，也是我向大家推薦的「Comback Food」！

你呢？

你已經找到你的「Comfort Food」？

更重要的是，你已經擁有適合你和屬於你的「Comback Food」？

請謹記，「Comfort Food」是第一個階段，「Comback Food」就是「升級」和「精選」的另一個階段！

最重要的是，請緊記「You are what you eat」！你選擇了跟什麼食物談戀愛，等同於選擇了什麼模樣的人生。

如果你選擇了適合你的「Comfort Food」和「Comback Food」，你就可以好好生活，活出精彩燦爛、屬於自己的人生！

「古來聖賢皆寂寞，唯有飲者留其名」，當年詩仙李白在仕途失意時，鼓勵我們「將進酒，杯莫停」。

生命苦短，人生無常，我吃故我在。只要我們懂得跟合適的食物談戀愛，我們都是「不孤獨的美食家」！

來吧！一起來戀愛吧！一起來談一場像車仔麵的戀愛吧！

【談一場像車仔麵的戀愛】/完

第二章

分岔的感情線

我是 Venus，我是一個公關公司的小職員，職位是「宣傳主任」，這是我大學畢業後的第一份全職工作，主力負責餐飲類的客戶。

國強熟悉我的工作性質，他讚許我是「『美食家』背後的女人」，簡稱「美食奶媽」，但我對這個說法有所保留，如果改為「餐飲界的無名英雄」，我覺得會更合較。

我的工作，既簡單，又複雜，主要是撰寫新聞稿，大家之所以經常看見餐廳或活動的介紹總是千篇一律，皆因很多報章、雜誌和網站的編輯和記者，連同坊間近乎氾濫的所謂「美食家」，都只是按照我的文字，而變成他們的文章或短片內容，有時候，甚至連錯別字也直接挪用，我實在深表遺憾。

Nomade 對我的形容就有點誇張，他說我是「Foodie Maker」，或者「KOL Maker」，但他說如果「King Maker」的中文翻譯是「造王者」，我就是「在這個阿豬阿狗都可以成為 KOL 的荒謬世代的始作俑者」，我分不清楚究竟是褒意？或是貶意？

Nomade 真的很可惡！但我卻覺得他比國強更可愛……

我們因為美食而遇見，我們有緣同枱吃了三餐，這三餐改寫了我們的關係，甚至是命運。

在分岔的感情線上，這兩個背景、性格、愛惡、生活習慣、人生目標、以及跟我曖昧程度都迥然不同的男人，實在令我難以抉擇。

我跟國強和 Nomade 的故事，是由美食開始的愛情故事。

我是在土瓜灣六十年老字號「蘇記麵食家」的最後一天，邂逅國強和 Nomade。

※

我從小就喜歡寫作，中學的作文被老師貼堂後，就立志成為作家。

我是家中孻女，有三個家姐，她們都是專業人士，分別是醫生、律師和建築師。

我相信愛情，一直憧憬遇上寵愛我的白馬王子。人生目標是環遊世界，品嚐各國美酒佳餚。

我喜歡美食，特別是傳統的香港味道。大學時代，入住宿舍後，讓我有機會定期為自己和樓友們下廚，累積了多年實戰經驗，我對自己的廚藝，有一點點信心。

我畢業於香港大學文學院的中文學院，宿舍是利銘澤堂，因為我太享受宿舍的自由生活，所以繼續報讀中國語言文學文科碩士課程。我在沙宣道上，雖然結束了三段戀情，卻總算渡過了人生中最快樂的五個寒暑。

我一直為了作家夢想而努力，但我多年來參加徵文比賽都名落孫山，即使在網上分享了超過十萬字的小說，也沒有太多人閱讀，反而隨意分享不同餐廳和美食的文章，卻是意想不到的受歡迎，也讓我獲得人生的第一份兼職。

多數大學生的兼職，都是當補習老師。我的第一份兼職，卻是為公關公司撰寫新聞稿。這份可以讓我發揮所長的兼職，是由我一位宿舍同樓的學姐推薦的。

我的第一篇新聞稿，是介紹某個餐飲集團旗下的新開張食店，這是一間平民化的上海菜館，其實我只要整理好主廚和菜式的基本資料已足夠，但我補充入了一些「本幫菜」的歷史和特色，因為我曾經到上海交流，知道並非「濃油赤醬」那麼簡單，我也建議了幾個有趣的標題，好開心都被採用，並且得到讚賞。

當我收到第一筆稿酬，我再次信相文字有價，也明白即使我做不成作家，也可以善用我的文筆，所以在我碩士畢業後，就成為了這間公關公司的正式員工。

※

「榮休結業

敝店將於 2025 年 1 月 28 號（年 29 晚）結業
先父從街檔創業
蒙街坊鄰里支持
滿載一甲子情懷
無奈歲月不饒人
聚有時散亦有時
除夕邀君來笑別
願街坊好友身體安康 珍重再見

蘇記麵食家啟」

「蘇記麵食家」，是一間令我充滿回憶的粥麵店，但蘇記並不只是粥麵店那麼簡單。

「蘇記麵食家」是家族生意，以水餃及豬腩麵聞名，上世紀五十年代末期，蘇瑞禎由廣州來到香港，於土瓜灣落山道開設「走鬼」車仔麵檔，主要賣雲吞、牛腩、豬手等麵食。

當年蘇瑞禎一心養育六名子女，以及傳承製麵、包雲吞、水餃等手藝，其後搬入地舖，交給大姐、二姐和三姐三位女兒打理，曾經在一九八六年及一九九八年先於於區內的美善同道及欣榮花園開設分店，因為價錢相宜，多年來一直受到街坊支持，是不少街坊的集體回憶。

只可惜，捱得過沙士和新冠，卻在重新通關後「光榮結業」，但並非「執笠」，而且，這是「笑別」，並非「哭別」。

「蘇記麵食家」的招牌菜，包括：薑蔥魚皮、水餃、以及豬膶，多數人都會點豬膶麵或水餃麵，但我在蘇記卻是首選吃粥。

煲得軟錦錦的「香港粥」，在內地和外國吃不到的美味靚粥！

店外的招牌上，雖然寫著「蘇記麵食家」，但在餐牌上卻是「蘇記粥麵家」，我最愛這裡的鯪魚球豬潤粥，蠔豉瘦肉粥也不錯，我每次都會配一碟麻醬腸粉，淋少許蘇記自製的辣椒油，為味蕾帶來不同的衝擊，偶然還會加多一份酥炸雲吞。

相比於較受歡迎的水餃，我更愛蘇記的雲吞。最著名的薑蔥魚皮，卻是我一直未能克服的心魔。

「蘇記麵食家」的牆上，掛著一幅由老街坊送贈的親筆提字水墨畫，除了畫了幾隻大蝦，旁邊還寫上詩詞：「蘇記養蝦千萬隻，雲吞製作人贊叻。銀絲細面上湯清，粥正飯靚真好吃。」證明蘇記不只以麵食馳名，真正的熟客都知道這裡「粥正飯靚」。

我就讀的中學，位於何文田常和街，每日放學後都會到土瓜灣乘車回家，不定期和當時的男朋友來蘇記用餐，跟負責樓面的三姐熟絡後，她曾經提醒我要小心那個鄰近學校的籃球隊隊長，幸好我有謹記三姐的勸告，否則……但自從我升讀大學後，已經很少再來蘇記了。

「蘇記麵食家」的結業來得太突然，加上臨近農曆新年，我同時忙著幾個新春推廣活動的新聞稿，一拖再拖下，只能在最後一天，帶著複雜的心情，回到既熟悉又陌生的土瓜灣。

自從港鐵通車後，土瓜灣出現了翻天覆地的轉變！

慶幸在蘇記仍然有熟悉的環境、熟悉的食物、熟悉的味道……

※

「蘇記麵食家」店外，排著長長的人龍。

一身名牌，拿著名貴相機，不斷拍照的國強，排在我前面。

風塵僕僕，拿著輕便行李，不斷在回覆訊息的Nomade，排在我身後。

剛巧我們都是一個人，一位我不認識的員工，跟我們說必須「搭枱」，我們都不介意，就被安排一同入座，是靠牆的一枱。

國強很有紳士風度，讓我先點菜。我點了至愛的鯪魚球豬潤粥、以及麻醬腸粉。其實我還想點酥炸雲吞，卻擔心吃不下。

Nomade 仍在忙著回覆訊息，國強拍攝了店內的不同角度後，就開始點菜：薑蔥爽滑魚皮、鳳城水餃、南乳豬水、柱侯牛腩、白灼豬雜、白灼鵝腸、艇仔粥、紫菜四寶（魚蛋、墨丸、貢丸、牛丸）河、蠔油蝦子雲吞撈麵、以及我心心念念的酥炸雲吞！

「會否太多呢？」店員突然打岔，對他溫馨提示。

「我是為了拍照留念，我不會浪費食物，都會打包回家。」國強有禮地回答。

國強還想點油泡田雞和酸薑皮蛋，但都已售罄，否則真的不是吃不下，而是枱面上也放不下。

「今日有什麼菜？」國強竟然繼續點菜。

「只有菜心和生菜。」店員臉有難色地回答。

「菜心，腩汁。麻煩你。」國強終於點完菜了。

「我媽媽說，每一餐必須有菜，這樣才是健康均衡飲食。」

國強突然對我說話，令我一時間不懂如何反應，只能輕輕一笑。

Nomade 覆完訊息，突然豎起一根手指。

「一碗蠔豉瘦肉粥。」

他竟然點了我也很喜歡的蠔豉瘦肉粥！

「只是一碗蠔豉瘦肉粥？」店員跟 Nomade 確定。

「只是一碗蠔豉瘦肉粥，我已經心滿意足。」Nomade 瀟灑地回應。

店員離開後，Nomade 突然像是自言自語。

「一粥一飯，當思來處不易。」

這是出自《朱子家訓》，強調珍惜食物和資源的重要性，提醒人們不要浪費。

「半絲半縷，恒念物力維艱。」

國強隨即回應下一段，他清楚明白 Nomade 在諷刺他，但並沒有發怒，我卻彷彿察覺到空氣中莫名其妙的火藥味。

「媽媽說過，千萬不要浪費食物。我拍照後，就會打包回家，和工人們分享，我也樂意和妳分甘同味。」

國強突然再對我說話，我完全不懂如何反應，只能繼續笑了一笑。

雖然店內熱鬧喧嘩，等待食物的時候，我們這一枱的氣氛卻有點尷尬。

Nomade 剛巧跟我眼神接觸，我對他笑了一笑。

國強突然望向 Nomade，Nomade 卻刻意無視他，繼續回覆訊息。

店員最先奉上我的麻醬腸粉，然後是三碗不同風味的靚粥：我的鯪魚球豬潤粥、Nomade 的蠔豉瘦肉粥、以及國強的艇仔粥。

粥很熱，我和國強都在拍照時，Nomade 竟然可以一邊單手回覆訊息，一邊平靜地吃粥。

我瞥看到他先吃了幾口粥，然後吃了一塊蠔豉。他是很認真、仔細地嘴咀嚼這塊蠔豉。專家建議每口食物最好咀嚼二十至三十下，他遵循「咀嚼慢嚥」的法則，他若非理科人，就是患有強迫症。

店員隨後分批奉上國強點的薑蔥爽滑魚皮、鳳城水餃、南乳豬水、柱侯牛腩、腩汁菜心、紫菜四寶（魚蛋、墨丸、貢丸、牛丸）河、蠔油蝦子雲吞撈麵、白灼豬離和白灼鵝腸，最後就是我想點卻沒有點的酥炸雲吞。

國強逐一為食物拍照後，發現我不時偷看酥炸雲吞，突然親切地問我：

「這個酥炸雲吞，有興趣一起分享嗎？」

我不懂如何反應，不好意思地笑了一笑。

「Thank You！」

Nomade 竟然毫不客氣，拿起筷子，夾起一粒酥炸雲吞，沾少許甜酸汁，寫意地細味品嚐。

「De ~ li ~ ci ~ ous ~！」

國強一臉錯愕，我也有點傻了眼。

一直忙於招呼客人的三姐，這時候終於看見我，立即跟我揮手，我亦跟她點頭示意。

「妳果然是熟客？」

Nomade 突然問我，我不懂如何反應時，國強竟然代我反問他：

「難道你也是熟客？」

「半生半熟啦！我很多年前，經常來幫襯。我之前的教會，就在下鄉道。」

「你是基督徒？剛才我沒看見你禱告啊！」

「Come on！我是『佛系基督徒』，一切在心中！」

「恕我孤陋寡聞，『佛系基督徒』？這是你自創的名詞？我還以為你會自稱『什麼教主』！」

「『什麼教主』只是虛銜，我為人比較低調和務實。你呢？你今日來這裡做『孝子』？」

「孝子」是諷刺那些平時不幫襯，要到店鋪宣佈結業時才來打卡和悼念的人。

國強雖然被責罵，情緒卻沒有明顯起伏，有禮得體地回應。

「我們基金會經常在土瓜灣區派飯，照顧低下階層和長者。每次做完義工，我都會支持區內的小店，蘇記是我在土瓜灣區食店名單中名列前茅。你呢？你有多久沒來蘇記？你有生之年幫襯過蘇記多少次？」

國強刻意強調「有生之年」，似是回敬他的「孝子」諷刺。

「你這個『進擊的富二代』，比我想像中更有攻擊性！我承認我很久沒有回來，幫襯蘇記的次數沒有你那麼多，但有時候，我們是重質不重量，蘇記在我心中有很重要的位置，在由我和團隊開發的美食導航 APP『Canteenavi』裡，有很高的排名。」

什麼？他就是人稱「新一代 AI 教主」的 Nomade Cheung？由他帶領團隊開發的「Canteenavi」將會在香港有一連串宣傳活動，新聞稿是由我撰寫的呀！

「Canteenavi」的概念很有趣，以人工智能結合社交平台和食評網站的餐廳推介，透過分析用戶及其友好在社交平台的帖文，知道他們的飲食習慣和興趣，從而向用戶擬定每日三餐至五餐，並且附有推薦獲其好友點讚的食店，務求盡量推介符合用戶及其友好口味的餐廳。

「大家出外用膳時，都會煩惱吃什麼，煩惱選擇什麼餐廳，大部分人都會選擇參考食評網站的資料和分數，但現時有太多『打手』和『鱔稿』，好多 KOL 都只是將公司的新聞稿搬字過紙，根本不值得相信！我們『Canteenavi』用科學解決大家日常生活上的煩惱，透過用戶及其友好的實際用餐經驗，每日為大家美食導航，選擇適合大家口味的食物和餐廳，讓大家可以愉快生活每一天。」

以上是我整理的 CEO 的話，原文雖然充滿了傲慢和偏見，但我頗欣賞這位 CEO 的理念，此刻真人就在我眼前，果然聞名不如見面。

「Canteenavi」其中一個令我愛不釋手的功能，就是可以選擇不同造型的「美食大使」，每日為你編排行程，選擇適合你的每一餐。因為我喜歡狗，所以選擇了「抱抱犬」作為我的「美食大使」，「抱抱犬」每日和我一起擁抱不同美食，今日就是牠再三提醒我要來蘇記吃鯪魚球豬潤粥……

「Canteenavi」將會加入兩個我很喜歡的功能：「美食福袋」和「美食盲盒」！近年流行環保，但在經濟低迷的大環境下，除了節約生活，更需要節省金錢，「Canteenavi」結合「減廢」和「惜食」，跟不同酒店、連鎖餐飲店、食物零售店、連鎖超市合作，每日以福袋和盲盒的形式，售賣不同餐廳的剩食，價錢由半價至八折不等，讓大家以優惠價錢買到適合自己口味的優質食物，減少浪費同時，更可以提升生活質素。

這個構思很好，「Canteenavi」這個 APP 的設計亦非常好，但我想到一個問題：我們將所有選擇都交由 AI 為我們決定，雖然節省時間，而且不用煩惱，但真的是一件好事嗎？

「你真的是 Nomade Cheung，你果然是傳聞中『有個性』的 bad boy！」

「你好！鄭國強副總裁，你果然是傳聞中『很聽媽媽話』的好孩子，good boy！」

鄭國強？城中著名富二代！我竟然有緣跟他和 Nomade Cheung 同枱食飯？我驚訝得不懂反應。

我第一篇撰寫的飲食新聞稿，正是介紹鄭國強家族集團旗下的食店呀！想不到我們千絲萬縷的關係，早在數年前開始了！

但是，更令我驚訝的是，Nomade 突然親切地問我：

「Venus，妳還記得我嗎？」

Nomade 跟我竟然是認識的？我驚訝得開始心跳加速。

「妳的中學在常和街八號，妳曾經是學生會的福利秘書，妳的夢想是當作家。」

Nomade 怎會知道我的過去？難道……

「你的 APP 偷取了 Venus 的個人私隱？」

Nomade 沒有理會國強的質詢，像老朋友重聚的跟我說：

「妳那個打籃球的前男友，是我的同班同學。妳當年跟他一起，無疑是錯誤選擇，但妳果斷跟他分手，絕對是明智決定！」

Nomade 隨即對我豎起姆指讚好，並且瀟灑一笑。

我突然提及我的黑歷史，讓我尷尬得想找個地方躲起來。

「我有事先走了！我們也不適宜佔用這裡太長時間，外面還有長長的人龍。」

Nomade 突然瀟灑地將設計獨特的名卡給我。

「我們保持聯絡！」

我拿著 Nomade 的名卡，不懂如何反應時，國強突然強勢的說：

「這一餐，我請客。」

「恭敬，不如從命。」

說罷，Nomade 瀟灑地拿著行李離開。臨行時，跟我做了一個「保持聯絡」的手勢。

國強請店員為他打包食物。

「Venus，妳介意我這樣稱呼妳？」

我聳聳肩，代表不介意。但即使我介意，他是城中著名富二代，我可以阻止他嗎？

「我的司機在附近等我，需要我送妳回家嗎？」

「不用了…」

在我努力地想藉口拒絕時，三姐及時來為我解圍。

「阿妹，三姐很想念妳，妳留下來多陪我一會兒！」

「好，我也不打擾妳和三姐了。Venus，我們保持聯絡！」

當時我思想好混亂，仍未搞清楚是什麼一回事，國強已經將他樸實的名片放在枱上，然後拿起三大包蘇記美食離開。

※

我很煩惱，煩惱是否應該跟國強和 Nomade 保持聯絡？

換個說法，我煩惱如何同時國強和 Nomade 維持曖昧的關係？

我對國強和 Nomade 都有好感，而我相信他們都同樣對我有意思。

除了「緣份」，我實在想不出其他原因，怎會幾何級數提升了戀愛運？

「當愛情來的時候，真的擋也擋不住！」

「妳快點做選擇吧！小心『蘇州過後冇艇搭』！」

「小朋友才做選擇，難得遇上兩個『筍盤』，當然是全部都要啦！」

彷彿是做夢一樣，面對這兩個可遇不可求的「筍盤」，真的令人難以抉擇！

「我對妳一見鍾情，應該是對妳的文字一見鍾情。我閱讀妳寫的新聞稿，可以讓我們有種溫暖的感覺！我是因為妳的文字而想跟妳見面，跟妳見面後，我已立即愛上妳！」

國強，二十出頭，城中著名富二代，含著金鎖匙出生，贏在起跑線的代表，但他毫無少爺的壞脾氣和惡習，平宜近人，工作勤奮，現時是家族企業集團的副總裁之一，負責地產和餐飲。他是長子嫡孫，在不久的將來，將會繼承最多的家產！

「我起初很討厭妳這個『罪孽深重的女人』，是妳直接或間接助長了『打手』和『鱔稿』，但跟妳重遇之後，我對妳完全改觀，覺得可以跟妳一起去冒險！」

Nomade，三十而立，輟學創業的青年才俊，被譽為「新一代 AI 教主」，網名是「遊牧者」的意思，他真的像遊牧民族，不停周遊列國。他帶領團隊開發和設計的美食導航 APP「Canteenavi」非常實用，分析不同用戶及友好的消費習慣後，精準地為他們選擇每日的美食安排，這個 APP 正準備在美國上市。

當然，人無完美，他們都各有不同的缺點。

國強是「媽寶」，非常孝順他母親，這是他的優點，卻也是他的最大問題！

國強「很聽媽媽話」，對母親簡直是言聽計從，他相信母親為他的選擇，就是最好的選擇。他按照母親的完美計畫，必須盡快結婚和生小孩，最好是Honeymoon Baby，目標是三年抱兩，但是為了繼承家產，最理想是一索得男，這令我感到很大壓力。

另一個問題，他比我年輕。可能是蘯女的關係，我喜歡比我年長的男人。而且，我擔心國強擁有強烈的「戀母情意結」，我不想當我男朋友的「母親」，或者「奶媽」，我希望可以好好享受作為一個「被寵愛的女朋友」應有的幸福。

但是，Nomade的問題，比國強更嚴重！雖然他的外型討好，擁有成熟男人的魅力，但他是緋聞不斷的愛情浪子，有很多舊女友，以及關係曖昧的女性，除了明星藝人、運動員、富豪的下一代、甚至是黑道千金！某程度上，以他的條件，不只一個女伴也很合理，但他的緋聞還包括跟男性友伴，這樣我真的無法接受！

而且，Nomade是我舊男友的同班同學，他知道我的黑歷史，甚至有可能掌握我不為人知的秘密，我有點害怕他。

在煩惱中，我也許已失去理智，竟然選擇「一腳踏兩船」，同時跟國強和Nomade維持著曖昧的關係。

正如Nomade對我的評價，我果然是一個「罪孽深重的女人」！

起初，我自以為游刃有餘，因為國強和Nomade各有各的忙碌，不會遇見對方。

但是我怎會想到，我竟然在大學恩師的纓紅宴，同時再次遇見國強和Nomade！

※

這餐纓紅宴共有八個菜式，一味糖水，包括：紅皮赤壯、紅燒鮑參翅、西蘭花炒蚌片蝦球、竹笙扒上素、清蒸沙巴龍躉、上湯菜膽雞、瑤柱蛋白炒飯，糖水是馬蹄露。

「紅皮赤壯」即是燒肉，寓意子孫身體健康。鮑魚代表包容與保護。魚寓意出水能游。蝦代表「哈哈大笑」，通常用於笑喪或六十歲以上壽終之人，需要在除服後才可以享用。糖水一定不可以是紅豆沙，更不可以有蓮子，因為剛辦完白事，紅色的糖水不合適，「蓮子」讀音「連子」，亦不太吉利。

「『纓紅宴』不是吃七味餸的嗎？今餐怎會有八味餸？而且有魚有肉？」

「救命！『解穢酒』才是七味餸，『纓紅宴』以『八』為單位，而且必定有肉，這是中華文化的基本知識啊！」

很多人都搞錯了「纓紅宴」和「解穢酒」，雖然都是白事，卻是差天共地。

「解穢酒」除了有安慰的意思，亦代表「解除污穢」，因為做白事的地方都是污糟和污穢。去殯儀館當晚，主人家叫齋菜招呼，已可稱作「解穢酒」，但現時為了節省時間，多時上山時帶孝，落山時已屬脫孝，這一餐就稱為「纓紅宴」。

很多人以為「纓紅宴」是「英雄宴」，因為讀音相同，但其實「纓紅」的意思是「被紅色纏繞」，即是神主牌已經能夠繫上紅帶。在火化或落葬後，主人家選擇立即脫去喪服，代表所有儀式已完結，「纓紅宴」就是在脫孝後的喪宴，但有一個條件，年過六十歲才是「笑喪」，才可以辦「纓紅宴」。

「纓紅宴」與「解穢酒」的流程都相若，最先上的第一道菜必定是糖水，寓意先人留福給後人，但兩者的分別除了在於脫孝前後以及素菜與葷菜，還有菜式的數量，「解穢酒」必定是七味餸，皆因先人都以七為單位計算，「頭七」、「三七」、「七七」、四十九日後就算守孝期滿，而每一個「七」都會做法事，之後都會食解穢飯。

「纓紅宴」則以「八」為單位，有脫孝後好事成雙的意思。當中必定有肉，例如燒肉、雞和魚，但雞與魚必須要去尾，希望先人不用掛心後人，安心往生，不留尾。

我的碩士畢業論文指導老師，竟然是 Nomade 後母的大伯父，同時也是國強母親的基金會的榮譽顧問。他們分別從倫敦和北京趕回來，送長輩最後一程，卻幾乎將我逼到死角……

因為「七」和「八」的誤解，「素」和「肉」的分歧，國強和 Nomade 鬧出了一段小風波，但這些並不重要，重要是——

國強和 Nomade 分別趁機會向我示愛！

「我喜歡妳！媽媽也喜歡妳！當然，我比媽媽更喜歡妳！妳可以正式做我的女朋友嗎？」

「我不會作出任何承諾，也不想隨便答應妳什麼，但我是認真的！我很想邀請妳和我一起，踏上這一場愛情冒險之旅，可以嗎？」

我不懂如何回答應，只知道我是一個「罪孽深重的女人」……

※

我選擇了逃避。

如果你是我，你會如何選擇？

選擇戀人和另一半，你有什麼標準？

外貌？年齡？興趣？宗教信仰？財務狀態？他的父母和家人？

抑或是，戀愛的感覺？他愛你比你愛他更多？你們可以互相包容幾多缺點？

我很煩惱，煩惱得花光了入職以來的所有假期，再補上半個月的人工，任性地放自己一個「悠長假期」，一個人來到台北。

假期中的我，雖然刻意隱藏身在何地，卻定期收到國強和 Nomade 的訊息，他們除了關心我的安危，更讓我明白他們在我眼中的「問題」，原來是各有苦衷。

「我小時候身體很差，經常進出醫院，媽媽全心全意的照顧我，令我習慣了依賴媽媽，而她真的是個完美的母親，總會為我安排最好的，無論是每日吃什麼，大學選什麼學科，都是最適合我的。只是，當我對妳一見鍾情後，我發覺我改變了……」

「父母離異後，我跟後母和後父的關係竟然更密切，我對愛情沒有信心，對自己更沒有信心，所以我選擇成為愛情浪子，因為我不想受傷害，更不想傷害別人，對不起。」

我不懂如何反應，只好遲遲不回覆，繼續享受我的「悠長假期」。

我來台北的另一個原因，是因為我已移民台灣的表妹，準備結婚。

某個晚上，她跟我說想搞一場特別的婚宴，有別於一般台灣的婚宴。

為此，我特別聯絡了我在台北的好朋友，有「青年刀神」美譽的星級名廚雷啟裕雷師傅，由他擔任行政總廚的粵菜餐館「JUNTO・同」，開業半年已獲得米芝蓮（台灣譯作「米其林」）推薦，我們合力為表妹籌備了一場港式婚宴，我命名為「幸福聯婚」。

「幸福聯婚」的菜式包括：鴻運乳豬全體、香酥黃金鳳尾蝦、山楂咕嚕肉、粟米肉粒魚肚羹（Show me your love）、清蒸海斑、原隻鮑魚扣鵝掌、當紅脆皮燒雞、美滿炒飯、幸福伊麵，甜品由陳皮紅豆沙改為楊枝甘露，美點雙輝映就選擇了香港品牌「上稀園」的杏仁餅和流浮山金蠔酥。

我為表妹選擇婚宴的菜式，完全是輕而易舉，但是面對自己的愛情，卻一直搖擺不定。

我嘗試讓自己忙起來，借表妹的婚宴來暫時忘記國強和 Nomade。

但是我怎會想到，在表妹的婚宴開始時，國強和 Nomade 竟然結伴出現在我的面前！

他們同時來到台北找我！

他們竟然同時向我求婚！

兩隻戒指，兩份感情，我應該如何取捨？如何抉擇？

在分岔的感情線上，我真的是一個「罪孽深重的女人」！

【分岔的感情線】/完

第三章

冰箱裡，XO 醬的餘溫

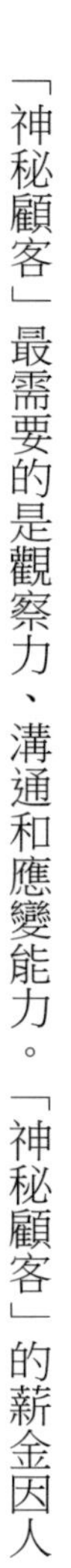

我是一個「神秘顧客」，代號「X」。

我有一份我喜歡的工作，不錯的收入，被重視的身份。

作為「神秘顧客」，你以為可以一邊受薪、一邊吃喝玩樂兼消費？你錯了！

一個成功的「神秘顧客」，需要完美地隱藏身份，更要將測試內容和評核報告必須填寫的項目記熟，真正進行任務時是沒有 NG，不可以有「take two」啊！

「神秘顧客」的入職要求：年齡為 18 歲或以上；具備良好的責任心及工作態度；具備良好的分析技巧，具備獨立批判思考能力及能於限期前遞交報告；具備良好的中文書寫、中文打字及講解能力；最後一項，必須具備操作 Excel 和 Word 的能力。看似好簡單，人人都可以勝任？但其實「神秘顧客」的工作，非常複雜又辛苦！

在正式成為「神秘顧客」前，我們需要先接受公司提供的培訓，訓練內容包括了解清楚測試的內容、測試前需要做好的準備、如何撰寫評分報告、工作流程、與員工的應對方法等等，我們需要通過培訓，才可以開始接受任務。

「神秘顧客」最需要的是觀察力、溝通和應變能力。「神秘顧客」的薪金因人而異，除了按照任務的難度，更重要是經驗、專業性、以及客戶對你的信心。一般的「神秘顧客」，作為兼職還可以，像我這些擁有國際認證，兼且被譽為「神之脷」的「神秘顧客」，待遇就完全不同了！

身為一個成功的「神秘顧客」，我可以公費吃喝玩樂、隨意環遊世界，品評米芝蓮餐廳名菜，享用六星級酒店服務，我曾經以為，我是一個人生大贏家，直至……

我突然患上了怪病，由「苦」開始，逐漸失去各種味覺。

※

難道真的是「有咁耐風流，有咁耐折墮」？

過往我每次進行測試，總會作出嚴厲且惡毒的批評，我曾經令多間米芝蓮星級餐廳降級，難道我終於遇到報應？

我開始察覺到問題，是我早前在台灣出差時，有一個餐飲集團的老總設宴為我洗塵，他點了一味鳳梨苦瓜雞湯，我以為只是普通雞湯，喝了一口，竟然不覺任何苦澀，反而感到非常甘甜，更喝得津津有味，直至我看見鍋裡的苦瓜，突然有種強烈的嘔心感覺……

我非常討厭吃苦瓜！

雖然在小時候，母親不斷迫我吃苦瓜，經常說「吃得苦得苦，方為人上人」，我第一次跟母親吵架，就是為了不想吃苦瓜。

人生已經這麼苦，為什麼還要苦上加苦？我們不是應該苦中作樂嗎？

這正是我選擇成為「神秘顧客」的原因之一。

苦瓜又名「半生瓜」，有人認為要到知命之年[1]，才懂得細味那苦盡甘來的餘韻。或許是要等耐味蕾老化後，才可以忍受得住那種死去活來的苦澀吧！

苦瓜的苦味，是來自瓜囊和瓜籽內的「苦瓜鹼」，當年母親為了讓我吃營業豐富的苦瓜，想盡辦法去除苦味，但我總是不肯就範。記得有一晚，全枱都是她用苦瓜煮的菜式，我選擇用絕食來抗議。

母親整理了很多苦瓜菜式的筆記，包括：涼拌苦瓜、黃金苦瓜、苦瓜沙津、咕嚕苦瓜、滑蛋炒苦瓜、苦瓜蒸肉餅、豆豉苦瓜蒸魚、苦瓜豬肉餃子、苦瓜排骨炒麵……每次飲宴後，她都會帶乳豬頭回家，然後拆肉煮苦瓜炆乳豬，他真的可以說是苦瓜專家。

註1：「知命之年」指五十歲。出自《論語・為政》孔子的自省「五十而知天命」，意思是到了這個年紀，對自然和人生已有深刻的體悟，能夠了解並接受自身的命運。

我起初安慰自己，苦瓜經過烹煮後，苦味會降低，跟鳳梨的酸甜和雞湯的鮮味融合，而且，那一鍋鳳梨苦瓜雞湯還加了酸梅乾，形成一種獨特的甘甜滋味。

但是，當我回到香港，翻開母親遺下的筆記，隨便煮了一味滑蛋炒苦瓜，果然完全感覺不到苦味，我心知不妙。

我立即向幾位名醫求助，但也找不到原因。有醫生參照「腦退化症」，診斷我患上「脷退化症」，亦有精神科醫生以「思覺失調」為比喻，結論我是「味覺失調」。用這些奇怪名詞，來解釋我的病情，我完全無法接受。

我因此毆打了一名醫生，惹上了很大的麻煩……

※

我失去「苦」味後，依次序是「甜」、「鹹」、「酸」和「鮮」。

我每天起床，都需要來一碗回魂咖啡。某個平靜的清晨，即使我加了平時雙倍份量的黃糖，那杯咖啡仍然淡如無味，我驚訝連「甜」味也離我而過了。

但更恐怖的是，當晚我秘密到訪由已故貝進權先生（人稱「大少」）的後人三兄妹 Joey、Jerry & Joanne 及 Joanne 的丈夫 Jeremy「4 條 J」接手經營的百樂潮州酒家大少店進行測試，我幾乎再次失控暴走。

「4 條 J」找回當年的師傅掌廚，並且由當年的部長招呼客人，據說可以嚐到回憶中的味道，因此我要測試多個菜式，特別帶了三位後輩同行，假裝是大學的學長和學弟學妹聚舊。

這晚我點了錦繡拼盤（鵝片、蟹塔、大少煙鱔、豬腳筋、崩沙腩）、鹹檸檬蒸龍躉、寸金紹菜包、沙嗲牛河兜亂、金湯魚麵、甜品是反沙芋。食物既有賣相，又有質素，既保留傳統，亦有創新元素，可惜這晚我無福消受。

三位後輩都吃得很開心，甚至可以說是興奮！他們對大少煙鱔、滷水崩沙腩和豬腳筋，都是讚不絕口，寸金紹菜包和金湯魚麵，都令他們驚喜不已，可惜我卻是食之無味。雖然龍躉的口感很好，鹹檸檬蒸龍躉卻只嚐到酸味，直至沙嗲牛河兜亂，我才感受到一點點「辣」的衝擊。

雖然不想承認，但我真的連「鹹」味也失去了。

這晚的報告，就像我的心情，寫得一塌糊塗，亂七八糟……

當我再次品嚐自從二零一四年起，連續十二年獲《香港澳門米芝蓮指南》「必比登推介」的生記飯店的黃老太梅子蒸蟹之後，我證實已失去「酸」味。

黃老太梅子蒸蟹傳承了傳統味道，所用的鮮蟹由老闆親自挑選，必須預訂。這味菜式用上現任老闆的母親黃老太親自製作的梅子醬，以及生熟蒜粒來蒸，鮮味的蟹混合天然酸甜味的梅子，兩者非常匹配，我最愛另點煎米粉蘸汁同吃。

可惜，我無法再品嚐到「黃老太的味道」。

「母親的味道」。

※

我一直以為味覺只是「甜酸苦辣」，但原來多年來都搞錯了，真正由味蕾感受到的味覺，是「甜」、「酸」、「苦」、「鹹」、以及近期才被承認的「鮮」。「甜」、「酸」、「苦」和「鹹」，大家應該不難理解，「鮮」就是用來描述麩胺酸鹽[2]和核苷酸[3]的味道。

人類首次接觸到鮮味通常是透過乳汁。乳汁和魚湯的鮮味大致相同，「鮮」這個中文字的組合，是由「魚」和「羊」組合，果然充滿玄機。

一九零八年，日本東京帝國大學研究員池田菊苗鑑定出大量海帶湯蒸發後留下的棕色結晶是麩胺酸。這些晶體帶有特別的味道，尤其是在海藻中，池田教授將這種味道稱為鮮味，日語是「旨味」（umami）。

日本的高湯通常具有非常純正的鮮味，因為湯底是由豐富 L- 麩胺酸的海帶（Laminaria japonica）和豐富肌苷酸鹽的柴魚片和小沙丁魚乾所製成，而西式或中式清湯的鮮味，主要吟源於骨頭、肉和蔬菜，混合的胺基酸種類更多，因此味道也變得更加繁複、更有層次感。

至於「辣」，根本不是味覺，而是一種苦痛感覺。「辣」的感覺並非由味蕾感知，而是一種神經痛覺，通過刺激神經末梢（Nerve ending）所產生的感受到的。這些神經的末端，原本是感受高溫的，當辣椒素與它

註 2：麩胺酸（Glutamic acid，符號 Glu 或 E，陰離子英文寫作 glutamate），學名 α- 胺基戊二酸，是一種 α- 胺基酸，也是組成生物體內各種蛋白質的 20 種胺基酸之一，由德國化學家卡爾里特豪森（Karl Heinrich Ritthausen）於 1866 年發現，用硫酸處理了小麥麩質（因此得名麩質 gluten），從而鑑定為味覺之一。

註 3：核苷酸（Nucleotide）是核酸的基本組成單位，化學結構屬於一種磷酸酯，本身具有鮮味，和左旋穀氨酸組合時，具有提高鮮味的作用，通常作為調料、湯料的原料使用。

們結合時，就會被誤導，產生灼燒或疼痛的感覺。

當我連「鮮」味也失去後，我只能感受到「辣」的苦痛感覺。

殘留在冰箱裡，母親遺下的XO醬，那份既苦痛，又溫暖的感覺。

※

為了解開失去味覺的原因，我努力鑽研有關味覺的不同知識，首先，我重新認識了味蕾。

味蕾是位於舌頭表面、上顎和會厭表面的微型感覺器官，負責感知食物的味道並將味覺信號傳遞至大腦。人類舌頭上大約有一萬個味蕾，主要分佈在四種不同的舌乳頭上：菌狀乳頭、絲狀乳頭、葉狀乳頭和輪廓乳頭。每個味蕾呈瓶狀結構，由支持細胞和味覺細胞組成。

味蕾的平均壽命是十天，至兩星期，或者說是定期自我更新。味蕾能夠識別五種基本味覺：「甜」、「鹹」、「酸」、「苦」和「鮮」，當中「甜」、「苦」和「鮮」通過G蛋白偶聯受體識別，「鹹」和「酸」則通過離子通道識別。所有味蕾都可以感知所有味道，並非如早期所認為的在舌頭不同區域感知不同味道。

除了重新認識味蕾，我也翻閱了不少中外醫學經典，從《黃帝內經》到《醫學簡史》，認識了不同的「五味」

傳統中醫理論中，「五味」不是「甜」、「鹹」、「酸」、「苦」和「鮮」，而是指人體的五種基本味道：「酸」、「苦」、「甘」、「辛」、「鹹」。這些味道不只是味覺上的感受，同時跟身體五臟（肝、心、脾、肺、腎）的功能和調理相關，而且呼應五行。

「酸屬木，入肝」，酸味具有收斂、澀滯的功效，能夠滋養肝臟。

「苦屬火，入心」，苦味具有清熱、瀉火、燥濕、鎮靜的功效，能夠滋養心臟。

「甘屬土，入脾」，甘味具有滋補、調和、止痛的功效，能夠滋養脾臟。

「辛屬金，入肺」，辛味具有散發、行氣、活血的功效，能夠滋養肺臟。

「鹹屬水，入腎」，鹹味具有瀉下、軟堅散結、通便的功效，能夠滋養腎臟。

即使我已經閱覽群書，掌握了「五味」跟「五臟」和「五行」的各種知識，但我仍未能解開失去味覺的謎團，我仍然未能找到一個能夠令自滿意的答案。

我曾經欺騙自己只是短暫的現象，只是一場夢，一朝醒來，一切就會回復正常，可惜事與願違，而且情況每況愈下，日常生活和工作都大受影響，我開始不能再假裝無事發生，我開始埋怨身邊的人，他開始求神問卜，甚至跟神明「講數」，我願意減壽十年來換回我的「神之脷」，為此我花了很多冤枉金錢，情況卻沒有好轉，只有變本加厲！

就在我最絕望的時候，我突然靈光一閃，失去味覺的也不是沒有好處，至少可以吃到母親當年不斷迫我吃的苦瓜，如果她此刻仍在生，他應該會它懷安慰。

而且，冰箱裡仍有母親遺下的 XO 醬，我從此每餐就吃 XO 醬，配即食麵、通心粉、梳打餅、麵包、白飯……

我開始思考，我過去努力「搵食」，難道人生最重要的只是「搵食」？為了「搵食」，我在母親急病入院時，正前進意大利出差，當我降落羅馬法林明高機場後，收到的第一個訊息，就是母親已經安詳離去……

我嘗試了不同的治療方法，既有身體上的，也有心理上的。我開始研究心理學，我知道自己正在經歷「庫伯勒羅絲模型」（Kübler-Ross Model）的「悲傷五階段」（Five Stages of Grief），依次序是「否認與孤立」、「憤怒」、「討價還價」、「沮喪」和「接受」。

我開始學習冥想，學習過簡約的生活，學習嘗試每天清茶淡飯，學習清心寡慾斷捨離，起初看似有點效用，直至母親遺下的 XO 醬都被我吃光後，我無法再感受到母親給我的那份溫暖，我決定選擇放棄。

我要跟過去的自己說再見。我為自己準備了「最後一餐」。

※

千萬不要在失去時，才學懂珍惜。

吃什麼不重要，跟什麼人一起吃才重要。

請珍惜每一餐，每一餐都可能是「最後一餐」。

這些老套的說話，大家近年應該經常聽到，曾經令我非常討厭，直至……

直至我回到這間母親曾經帶我來慶祝生日的老店，跟其他市民一同記念這間老咨的最後一夜，我以母親很喜歡的「苦瓜炒牛肉」，作為屬於我們的「最後一餐」。

「對不起。」

我正式向母親道歉。不只是因為母親臨終時在異地工作，未能見她最後一面，也因為當日不想吃苦瓜而跟她吵架……

一邊吃著這味苦盡甘來的「苦瓜炒牛肉」，一邊回憶起童年時「母親的味道」，以及多年來品嚐過的不同美食，我很後悔沒有好好珍惜每一餐，但我相信仍有時間和方法補救。

前輩蔡瀾說過：「人生猶如例湯」，你可以解讀為「一切都是整定」，但其實你還有不同的選擇，你可以選擇不喝這碗你未必喜歡的「例湯」啊！

你還可以選擇喝一碗五味雜陳的「鳳梨苦瓜雞湯」、滋陰養顏的「爵士湯」[4]、清熱潤肺止咳的「青紅蘿蔔西洋菜鮮陳腎湯」、甚至是傳說中的「孟婆湯」[5]，但千萬不要喝錯了《聖經》裡以掃出賣長子名份的「紅豆湯」[6]。

即使我的味覺仍未完全恢復，但我已經開始「自我更新」，透過不同的香港味道，踏上重新尋找自我的旅程……

由冰櫃裡，母親遺下的，仍然帶有餘溫XO醬開始。

【冰櫃裡，XO醬的餘溫】/完

註4：爵士湯是一款著名香港湯水，因香港名人鄧肇堅爵士而得名，主要材料為蜜瓜，加上海螺頭、花膠、瘦豬肉和老雞等配料煲成，故此又名蜜瓜螺頭花膠雞湯，具有滋陰、補賢和養顏的功效。

註5：傳說中，孟婆是遺忘相關事宜的掌管者，所有準備投胎轉世的鬼魂，在渡過奈何橋之前，都必須喝下孟婆湯，以忘卻前世的一切，包括所有愛恨情仇，才能夠安心投胎，開始新的人生。

註6：詳見《聖經》舊約《創世紀》第二十五章。

第四章

幸福快餐車 ~ 香港味道 @ 福岡

我是Tori，網名「小鳥遊」，我是「幸福快餐車」的義工。

我不是「美食家」，只是嘗試平衡working和holiday，卻展開了一場「尋找幸福之旅」，偶然將傳統「香港味道」帶到福岡的「美食旅人」。

※

「站在大丸前，細心看看我的路……」

身處日本福岡中央區的渡邊通，大丸百貨博多店前的十字路口，在熙來攘往的人潮裡，我突然想起這首香港粵語流行曲的歌詞[1]。

我的「尋找幸福之旅」，正是從這間大丸百貨門外的屋台開始。

註1：〈下一站天后〉，伍樂城作曲、黃偉文作詞、女子組合Twins（蔡卓妍、鍾欣潼）主唱。

不！應該是由神秘網友 Einstein 建議我申請 working holiday 開始……

※

我是香港人，本名並非「小鳥遊」，而是「小鳳」，因為我的爸爸名叫「小龍」。

來福岡前，我是一個旅行社的小職員，主要工作是為客人訂購機票和酒店，偶然會當本地團導遊，但這個絕對不是我的理想職業。

我的理想職業，本來是當一個可以周遊列國的旅行家，只可惜事與願違。

我從十六歲開始，手上就有一份名單，名單上寫滿了我希望去旅行的地方。

但我在十八歲時，爸爸因為意外離世，我已經沒有再更新這份旅行名單了……

從此，我和媽媽相依為命。大學畢業後，我在親戚介紹下，在他相熟的旅行社工作，每次為客人安排了機票和酒店，我就會幻想自己已踏上多姿多彩的旅途，暫時拋開一切煩惱，體驗不一樣的人生，享受旅行的樂趣。

每當遇上航空公司的特價機票優惠，我都會為之心動，但因為我需要留在媽媽身邊，遲遲未能夠出發，直至我遇上了Einstein……

不知道從什麼時候開始，我多了一名很神秘的網友——Einstein。

我對Einstein完全沒有印象，只知道每當我跟兩位感情要好的老同學兼好姊妹Hannah和Esther一齊打邊爐的食物相片，Einstein就會立即出現，風雨不改，如影隨形，我曾經懷疑這個Einstein是什麼變態跟蹤狂，只因Einstein的第一次跟我私訊，竟然像相識多年的朋友，向我提出了三個很奇怪的問題：

「妳，今天過得快樂嗎？」

「快樂！剛剛喝了幸福的花膠雞湯，當然快樂！」

「妳，現在有什麼煩惱嗎？」

「沒吃飽只有一個煩惱，吃飽了就有無數煩惱。」

「是戀愛的煩惱嗎？」

「戀愛，不是煩惱的根源，乃是學問的開始。」

「戀愛是學問的開始」（Love is the beginning of knowledge），正是愛因斯坦的名句之一。每當我回應這一句給Einstein後，這名神秘的網友就會消失無蹤。

然而，某夜當我轉發了一段「遊台灣金福氣」[2]的資訊後，Einstein 突然再次出現。

「妳，今天過得快樂嗎？」

「快樂！剛剛假裝去了一次台灣旅行，非常快樂！」

「妳，現在有什麼煩惱嗎？」

「時間太少，美食太多！這次在台北旅行，每天都煩惱吃什麼。」

「妳明白『旅行的意義』是什麼嗎？」

旅行的意義？對我而言，就是離開這個生於斯長於斯的城市，離開這個跟媽媽一起日努力生存的城市，離開這個已經變得愈來愈陌生的城市……

在我仍未說出心聲時，Einstein 突然提出了一個奇怪問題：

註2：〈台灣交通部觀光署為吸引更多國際觀光客，推出了「吸引國際觀光客獎勵補助辦法」，旅客可在抵達台灣前一至七日，到「遊台灣金福氣」活動網站參加抽獎活動。抵達機場入境後前往觀光局指定五個入境大廳：桃園國際機場第一航廈、桃園國際機場第二航廈、台北松山機場、台中清泉崗機場、以及高雄小港機場，憑出發前登記抽獎活動收到的 QR Code 參加抽獎活動，中獎者將會獲得台幣五千元消費金，用於購物或住宿。

「妳有想過在旅途上，平衡 working 和 holiday？」

「你建議我申請 working holiday VISA…去台灣？」

「妳可以 working holiday 去台灣，也可以去妳名單上的第一位：日本。」

他怎會知道我那個封塵了的旅行名單？他究竟是什麼人？

我害怕得馬上封鎖了他！

我當然有想過「工作假期」（working holiday），但我窮得只剩下三粒星，全副身家最值錢的，只是那一張香港永久性居民身份證，我哪有足夠金錢去日本旅行一年？而且，我還要照顧媽媽，她至今仍未走出爸爸過身的陰霾……

在我妄想在日本享受屬於自己的「工作假期」時，竟然再收到本應已被封鎖的 Einstein 傳來的資訊！

他傳來了一個連接，竟然是一個眾籌網站！他竟然以我的名義，開設了一個命名為「尋找幸福之旅」的項目！

「親愛的，離開是為了回來。今天我，在此向大家道別！

「原諒我這一生不羈放縱愛自由，為了無悔今生，為了尋找幸福，我打算出門遠行，花一年時間在日本，經歷不一樣的人生！

「我開始眾籌了！目標是要籌集路費三萬六千元，三萬六千元是我每月給母親大人三千元的家用。我已申請工作假期簽證，以我多年來的積蓄，加上我一向知慳識儉，在日本的生活費不是問題。

「哪位網友可憐我？一元兩塊不嫌少！一萬兩萬不嫌多！作為投資回報，我會為各位善長在日本的不同神社祈福，並且定期提供視頻，讓大家身臨其境。你還在猶疑什麼？請多多關愛我吧！」

Einstein 究竟是什麼人？這段文字的用詞和語氣，完全就像是我寫的，卻寫得比我更好。而且，他竟然連辭職信亦已為我準備好？！

我開始懷疑 Einstein 是網絡上的人工智能，竟然對我瞭如指掌？但他為什麼要幫助我呢？難道我是另一個「大雄」？他是另一個「叮噹」？

在我非常困惑時，Einstein 竟然已為我啟動了「尋找幸福之旅」！

一夜之間，不夠二十四小時，竟然已籌集了超過四萬元！我的支持者接近一百名，除了 Hannah 和 Esther，還有我多年來的客戶、火鍋店的老闆、其他我們在火鍋店認識的「食友」、以及我最意想不到的人——

媽媽。

媽媽竟然用實際行動支持我！

就這樣，我帶著家傳的食譜，從香港出發，輾轉來到福岡，展開了這場充滿驚喜的「尋找幸福之旅」！

※

一年之內，我如何遊遍整個日本呢？我應該由南往北？抑或由北往南好呢？結果，我選擇了由南往北的旅程，第一站是位於九洲的福岡，因為我有一位舊客戶田中太太在這裡開民宿。

田中太太是從台灣嫁來福岡，她本姓徐，我私下會稱呼她為「蘭姐」，她的民宿是一座位於天神站和博多站之間的舊房子，在著名的「柳橋連合市場」附近。

「柳橋連合市場」位於福岡市中心，擁有超過一百年歷史，當地居民購買生鮮食材和乾貨的好去處，也是許多料理人選擇購買新鮮食材的市場，因此有著「博多的台所」的美譽。

日語「台所」（だいどころ），源自平安時代的「台盤所」（だいばんどころ），台盤是用來擺放膳食的桌子，據說在古代是只有貴族府上才會有的東西，而台盤所就是放置台盤的地方，從而衍伸出「廚房」的意思。

故此，「柳橋連合市場」就是「博多的廚房」，但也不只是「博多的廚房」。

江戶時代，「大坂」（現稱大阪）被譽為「天下的台所」，因為德川幕府規定諸國大名每年都要前往江戶值勤，位居東、西日本往來要路的大坂順勢成為物資交換的絕佳集散地，全國各色物產不斷湧入大坂，然後重新分配、運往國內和海外的各大市場。物資充盈的大坂，匯聚了全國的各類食材，就好比是日本的廚房，因而獲得此美譽。

但是，根據現時字典的解釋，「台所」的意思是「金銭の出し入れをする所」，並非指與廚房或煮食相關的事，而是家計或公司的財務事宜，「台所事情」（だいどころじじょ）就是「財務狀況」的意思。

這些有趣的日語小知識，都是在我協助蘭姐打理民宿時，她親切地告訴我的。

因為答應了為各位眾籌支持者在日本的不同神社祈福，當我安頓後，就開始走訪福岡的不同神社。我是由「博多總鎮守」（守護神）櫛田神社開始。

櫛田神社位於博多區，既是鄰近博多運河城和川端通商店街的著名日觀光景點，也是博多祇園山笠祭的發源地。博多祇園山笠是日本最重大的民間節日之一，起源於鎌倉時代，擁有超過七百六十年歷史，每年的七月一日至十五日，在福岡市博多區舉行。

據說當年博多突然有瘟疫蔓延，為了防止瘟疫傳播，高僧「聖一國師」坐在由居民抬著的架子上，一邊灑水，一邊祈禱。這個儀式後來演變為博多祇園山笠，成為了一項重要的宗教儀式，也是櫛田神社的奉納神事，更被列為聯合國教科文組織的非物質文化遺產。

是否有點像大坑舞火龍[3]加年初二花車大遊行呢？

博多祇園山笠祭典中使用的山笠花車分為兩種：顏色鮮豔的裝飾花車稱為「飾山笠」，而比賽用的花車稱為「抬山笠」。從七月一日起，一般的「飾山笠」花車會在福岡全市展出，但在櫛田神社內，一整年間都可以觀賞到。

博多祇園山笠的重頭戲，就是多支隊伍纏著傳統腰布的壯士們，肩扛高度超過十米、重達一噸、經過精心裝飾的山笠花車，在博多的街道上競速飛奔，真的教人血脈沸騰啊！

註 3：大坑位於香港島銅鑼灣區，原是一條客家村落，相傳光緒六年（1880），大坑村經風災蹂躪後發生瘟疫，死了很多人，村民惶惶不可終日。村中父老獲菩薩報夢，村民便紮作一條火龍，在中秋前後，即農曆八月十四、十五、十六三個晚上，舞動著火龍繞村遊行，並燃燒爆竹。之後，瘟疫果然停止。自此以後，大坑每年都進行為期三天的舞火龍活動，以保合境平安。大坑舞火龍於 2011 年列入第三批國家級非遺代表性項目名錄。

博多祇園山笠每年共有七支隊伍參加比賽，每支隊伍分別代表博多的一個歷史性街區，稱為「流」，包括：東流、中洲流、西流、千代流、惠比須流、土居流和大黑流。每座花車需要約三十名壯士才可以抬起，這些花車都是由各支隊伍與博多的人偶大師一起製作，特點是車上設有栩栩如生的武士或當紅動漫人偶。

是否有點像長洲飄色巡遊[4]呢？

福岡有很多著名美食，除了博多拉麵，還有兩款特色火鍋：牛腸鍋和水炊鍋。水炊鍋以雞骨熬製的白濁湯頭為特色，搭配雞肉、蔬菜和調味料，享用前先品嚐原味湯頭，再加入其他食材。有一種說法，水炊鍋是源於博多祇園山笠。

但有另一種說法，水炊鍋於明治時代面世，據說是由長崎人林田平三郎所創，

註4：一台「飄色」由「色櫃」、「色芯」及「色梗」組成。色櫃是鑲嵌鐵架的櫃，像一個流動的表演平台，其上設有色梗（鐵架）來支撐色芯（表演的小朋友）。色櫃移動時，在色梗上的色芯有如飄浮在空中，故稱「飄色」。二十世紀初期，有長洲人將中國內地飄色引入長洲作為太平清醮會景巡遊的項目之一。飄色主題每年不同，由長洲各街道的街坊會及體育會各自構思、設計和製作，期間不會互相討論，亦不讓其他單位知道。從前多以民間故事為題材，後期出現與時事有關，甚至諷刺時弊的主題。

當年他來到香港打工，在一個英國人家庭幫傭，並在那個家庭的廚房裡學習西洋料理和中式烹飪技巧，回國後，於一九零五年在福岡創立「水月」料亭，水炊鍋正是他結合了東西方飲食文化，改良而成的料理。

水炊鍋原來是屬於林田平三郎的「回憶中的香港味道」？

※

除了櫛田神社，我亦參拜了其他神社，包括：位於福岡市內三大賞櫻景點之一西公園裡，供奉著福岡藩藩祖黒田官兵衛和初代藩主黒田長政父子，祈求勝利和幸運的光雲神社；「日本第一住吉宮」，祈求幸運、招福，和航海安全的住吉神社；神社境內有一棵樹齡超過三百年的壯麗大楠樹，祈求交通安全和闔家平安的警固神社。

在眾多神社中，我最喜歡小鳥神社。這座神社隱身於住宅區內，歷史悠久卻相當低調。神社供奉的神明的化身，就是日本神話中著名的八咫烏。八咫烏是擁有三隻腳的神鳥，雖然經常被誤會是烏鴉，其實是象徵引導方向的神明，故此，被視為引導勝利的神鳥，也是幸運的象徵，對！八咫烏正是日本足球協會的標誌和徽章設計的一部分。

我當然有參拜太宰府天滿宮，這是日本最重要的神社之一，也是全日本一萬二千座天滿宮的總本社。太宰府天滿宮的主祭神是菅原道真，又名「天神」，即是學問、文化和藝術之神，但他被貶到九州大宰府擔任大宰權帥（大宰府副統帥），其後抑鬱以終，傳說化為怨靈，被後世尊稱為「天滿天神」、「火雷天神」，更成為了不少日本動畫的素材，包括結局令人徹底失望的《咒術迴戰》，五條悟和乙骨憂太都是菅原道真的後裔。

因為菅原道真的「飛梅傳說」[5]，我們來到太宰府天滿宮，必定要吃梅枝餅[6]！

註5：菅原道真非常喜愛梅花，相傳他被貶往太宰府前夕，跟家中的梅花道別，寫了一首和歌：「若東風吹起時，請使庭香乘風來，縱使梅花無主，也不要忘了春天。」其中一棵梅樹竟然因為思念主人，一夜之間從京都飛到九州，天滿宮本殿旁邊的樹據說就是飛來的梅樹。因為「飛梅傳說」太有名，菅原道真的後人就以「梅花」作為他們的家紋。

註6：梅枝餅是先用糯米和普通的白米混合揉製麵糰，包紅豆餡，再烘烤成金黃色的日式點心，餅面上有梅花印記，是太宰府最著名的代表性甜點。菅原道真被貶到太宰府時生活貧困，相傳當時一位老婦人（淨妙尼）同情他，就給了他一塊插在梅枝上的餅，據說這就是梅枝餅的由來。

另外，我還代一位支持者即將要考公開試的兒子吃了「合格漢堡」。我竟然成為了「代吃服務員」。

位於從太宰府天滿宮參道轉角處的「筑紫庵本店」，專門售賣當地特色漢堡包的人氣餐廳，招牌菜是自製唐揚炸雞的「太宰府漢堡」。

麵包上印有「合格バーガー」，「バーガー」是外來語片假名，「burger」的意思。這款是炸雞漢堡，肉汁豐富的唐揚炸雞，淋上塔塔醬，夾著大量蔬菜，很有心思的配搭，但其實「合格漢堡」的靈魂，正是在唐揚炸雞下面的梅子醬汁！梅子的酸味，帶來不一樣的味覺享受，也跟「學問之神」菅原道真拉上關係。

「合格漢堡」，令我想起大學時代的「勁過飯」[7]，我覺得應該在香港大力推廣啊！

在太宰府天滿宮吃了這些跟梅子有關的食物後，我突然好想念媽媽最拿手的梅子蒸排骨！掙扎了數天後，我鼓起勇氣向蘭姐借用廚房，嘗試以美食一解鄉愁。

註7：勁過飯，大學術語，同學們在考試前吃一頓好的晚飯，希望考試「勁過」。勁過飯必定有的菜式是腰果肉丁或腰果雞丁，因為「腰果」和「要過」發音相近，正是大家所祈求，而「丁」表示優異（distinction）。吃「勁過飯」時不可以用匙羹，因為用匙羹拿腰果這個動作「　果」與「不過」發音相近，故此必定要用筷子。

能夠成功煮出這味足以改寫人生的梅子蒜排骨，我必須多謝三位很重要的人！首先，我要多謝媽媽，她竟然偷偷將家傳食譜，放在我的行李內，讓我即使來到福岡，也可以煮出久違了的「母親的味道」。

第二個要多謝的人，當然是蘭姐！雖然我有媽媽給我的家傳食譜，但我的刀功、處理肉類的經驗、以及調味的手法，都仍有很大的進步空間，全賴蘭姐不厭棄從旁教導，我才可以從失錯中好好學習。

第三個要多謝的人，就是蘭姐在「柳橋連合市場」裡相熟肉檔的主人岡本先生！大家必須知道，日本的食材跟香港可算是南轅北轍，在日本購買有骨的豬肉，並不容易，岡本先生竟然有辦法為我找到高質素的掛骨，請一起為岡本先生熱烈鼓掌！

我記得某位美食作家曾經分享，他到東京探訪在那裡開設茶餐廳的朋友時發現，店內的是日例湯，竟然是「大根人參豚肉湯」，並非在香港常見的「青紅蘿蔔排骨湯」！日語中的「大根」和「人參」，分別是「白蘿蔔」和「紅蘿蔔」，這位作家的朋友告訴他，在日本很難買到青蘿蔔和有骨的豬肉，所以只能稍為變通。

我有媽媽的家傳食譜、蘭姐的悉心教導、以及岡本先生的優質食材，故此，可以煮出美味的香港風味梅子蒸排骨，不只是蘭姐和岡本先生讚好，當時居住在民宿內的不同住客在試食後，都對我有很高的評價。

蘭姐嘗試繼續栽培我，鼓勵我煮出更多香港菜式，其後特別安排了每個星期日晚上，她都會邀請不同的街坊和友好，一起來測試我的廚藝。故此，我認識了歐師傅，輾轉成為了「幸福快餐車」的義工。

※

網上有個說法「唐朝文化在日本，明朝文化在韓國，民國文化在台灣」。

我在福岡，除了保留和傳承「香港味道」，也增進了對日本飲食文化的認知，更重要是重新學習中華傳統。

「唐揚」一詞，現時代表了「炸雞」，因為當中的「唐」字，我曾經以為是在唐朝時代，由遣唐使帶到日本的華夏飲食文化。

遣唐使是延續過往遣隋使的使節官職，首任遣唐使是公元六三零年（唐貞觀四年）的犬上御田鍬。其後日本陸續有使節遣往唐帝國達十多回，直到八九四年菅原道真被任命為遣唐大使，但當時唐帝國內亂，菅原道真因此上奏中止出使任務，雖然其後仍有其他遣唐使的任命，但最終未能成行，標誌著長達二百多年的遣唐使制度，從此劃上句號。

當年的遣唐使主要是從日本的難波（現今大阪）出發前往唐帝國。具體來說，他們先從難波的三津浦（或住吉津）出發，經瀨戶內海到達九州的博多灣或大津浦，然後再渡海前往唐帝國。回程多數經由琉球群島轉道返國，按照《唐大和上東征傳》記載，這種路線最早可以追溯到唐朝天寶十二年（七五三年），即是日本「豆腐的祖師」鑑真和尚[8]第六次東渡的航程。

唐揚（唐揚げ）是一種不加麵糊，在食材上撒一層薄薄的麵粉或片栗粉後，在熱油中煎炸的油炸料理。「唐揚げ」的寫法源於日本兩本重要的烹飪書籍《普茶料理鈔》（一七七二年）和《日常實驗料理》（一九四二年），前者記載的做法，跟現代的唐揚炸雞的做法完全相同，但使用的不是雞塊，而是較為粗糙的豆腐，這是一道素菜；後者明確把這道菜分類為「中華料理」，據說在二次大戰後，日本糧食短缺，雞肉成為相對容易獲得，而且經濟實惠的食材，開始普及於家庭

註8：釋鑑真，生於六八八年，卒於七六三年六月二十五日，唐朝僧人，俗姓淳于，江蘇揚州江陽縣人，日本律宗祖師。經過六次東渡，終於成功到達日本。將佛學和醫學傳到日本，被譽為「大和尚」和「日本漢方醫藥之祖」，也因為將豆腐的製作技術傳入日本，被尊稱為「豆腐的祖師」。

料理和居酒屋。

除了唐揚，我曾經以為拉麵和餃子，都是由遣唐使帶回日本，答案竟然出乎我的意料。

拉麵竟然是源自廣東的雲吞麵？！餃子竟然是來自滿洲國？！

日本拉麵的名稱，是日外來語片假名「ラーメン」，代表是從日本以外的地方傳來，「Ramen」的發音，正是來自漢語的「拉麵」。

日本拉麵正成面世前，日本的主流麵條，粗疏的分類，就是以小麥製成的烏冬，以及以蕎麥為主的蕎麥麵。

日本拉麵所使用的麵條，之所以有別於烏冬和蕎麥麵，呈現黃色且富有彈性，關鍵在於加入了「鹼水」。就像雲吞麵所使用的鹼水麵。

日本拉麵的起源，有三種不同說法。

第一種說法，根據日本學者小管桂子考據，拉麵最早出現於日本江戶時代。相傳在水戶藩藩主德川光圀時，由明朝遺臣朱舜水帶來的廣東廚師，在日本烏冬高湯中加入大蒜、薑等五辛香料，其後日本就出現了被稱為「支那麵」的料理。但是在德川光圀之後，這種麵食並沒有盛行，故此很難確定現有的拉麵與江戶時期的「支那麵」之間的關連。

第二種說法，在「黑船事件」[9]後，日本向世界各國開放通商，遷居至橫濱、神戶、長崎等港口的清國商人將廣東湯麵帶入日本，成為日本中華餐館的特色料理，當時被稱為「南京麵」，主要的消費族群是居住在日本的華人。

一八八四年在函館的「洋和軒」餐館傳單中，印有「南京麵」的名稱，是現存最早的文字記錄。當時的「南京麵」，主要是在雞湯中，加入手製麵條與青蔥，製作方法與現今的拉麵不太相同。在一八九零年代後，在日本各地都出現稱為「南京麵」或「支那麵」的中華料理。

第三種說法，日本商人尾崎貫一於一九一零年在東京淺草區開設中式餐館「來來軒」，雇用了來自橫濱南京町（今橫濱中華街）的中國廚師，改良了橫濱的「南京麵」製作方法，成為現今日本拉麵的開端。「來來軒」當時販賣的麵食，稱為「支

註9：「黑船事件」，日本稱為「黑船來航」，是指日本嘉永六年（1853年）美國海軍准將馬修培理（Matthew Calbraith Perry）率領艦隊駛入江戶灣浦賀海面的事件，培理帶著時任（第十三任）美國總統米勒德菲爾莫爾（Millard Fillmore）的國書向江戶幕府致意，雙方於次年（1854年）簽定不平等條約《神奈川條約》（日本通稱為《日美和親條約》）。此事件一般被視作日本幕末時代的開始。

那麵」，在湯頭加入醬油，配料中有日式叉燒、鳴門卷、海苔、以及燙菠菜，其後加入了筍乾，跟現時的東京拉麵幾乎相同。

「日本拉麵」的種類多元而豐富，被譽為日本拉麵「御三家」，分別是北海道以味噌湯底配捲曲中粗麵條的「札幌拉麵」、福島以醬油湯底配「扁平多加水熟成麵」的「喜多方拉麵」、以及福岡以豬骨湯底配細直麵條的「博多拉麵」。

福岡是日本拉麵的重鎮之一，除了最具代表性、據說由曾經在中國當兵的廚師津田茂所創的「博多拉麵」，還有據說是白濁豚骨拉麵起源的「久留米拉麵」，以及據說起源於屋台「元祖長濱屋」、孕育出極細麵和「替玉」（加麵）文化的「長濱拉麵」。

我曾經慕名幫襯了「大砲拉麵」，這是屬於「久留米拉麵」流派的名店，以口感濃醇的「古早味拉麵」馳名，配料除了一般拉麵的蔥粒、乾筍、叉燒、海苔、以及水煮蛋（不是溏心蛋！），竟然還有令我意想不到的「傳統炸豬油渣」！

日本拉麵的「傳統」竟然有「炸豬油渣」？果然沒有浪費用來熬湯的豬肉食材，充滿了前人的智慧，而且很有啟發性！

這一碗別有一番風味、平凡中見不平凡的拉麵，令我獲益良多，大開眼界！

這種「傳統炸豬油渣」，令我想起香港的油渣麵，雖然沒有香港的炸豬油渣那麼香口和爽脆，卻讓我再次嚐到「回憶中的香港味道」，思鄉病又發作了……

至於日本的餃子，也是另一種「回憶中的中國味道」，但更正確的說法，應該是「回憶中的滿洲味道」。

二次大戰後，日本百廢待興，大量士兵和隨行人員在戰後回國，他們為了生活，在沒有政府的幫助下，只好靠自己的能力，知識和經驗，開始做點小生意。餃子因為不需要太多設備，開店較為容易，故此，當時餃子店的發展比拉麵店更要快速。

有專家翻查舊記載，一九五四年（昭和二十九年）在東京只有四十家餃子店，其後每個月增加二十家，。專家認為當年餃子店的普及，除了有大量供應，更重要是市場有更大的需求。戰後從中國回來的日本人，餃子是他們在中國時經常接觸的食物，可以讓他們回想起往昔的日子，當時很多餃子店的名字都跟滿州有關，例如東京的「滿州里」、以及久留米的「滿州屋」，有餃子店更直接以「追尋滿州的味道」作為廣告。

來個小總結，唐朝對日本的影響主要體現在文化和制度的層面，最重要是在唐朝的影響下，進行了「大化革新」[10]。具體而言，遣唐使和僧侶引進了唐朝的律令制度、文化、藝術、建築和醫學，至於飲食方面，除了鑑真和尚帶來製作豆腐的技術，最影響深遠的就是茶道。

以上的日本美食資訊，是否很有趣呢?大家如果有興趣，可以瀏覽我的「小鳥遊記」專頁。

※

「小鳥遊」這個網名，是我和歐師傅，以及其他在福岡的香港人，一同在最能夠體驗福岡飲食文化的屋台裡，由一個低級錯誤所啟發的。

歐師傅是由蘭姐介紹我認識的，他是一位從香港來福岡的厲害廚師，現正獨自經營「幸福快餐車」。我知道他在香港有些不愉快的經歷，但他生活積極，很享受此刻在福岡的生活。

這夜由在福岡留學的大學生小智為我們排隊，我和歐師傅收工後分別趕過來，

註10：「大化革新」，日本稱為「大化改新」。孝德天皇於654年即位後，中大兄皇子總攝朝政，遷都難波京（今大阪市），建元「大化」，意為「偉大的變化」，也是日本歷史上首個年號。646年元旦，孝德天皇頒布《改新之詔》，中大兄皇子推行政治改革，主要內容是廢除當時豪族專政的制度，以唐朝的律令制度為藍本，建立了中央集權的統治體系，以「治天下大王」為首，加強了天皇的權威。

剛好隨教授來福岡交流的好姊妹 Hannah 隨後到達，我們還巧遇了一對來自香港的老夫老妻，有緣同在屋台一角「搭枱」，我發揮好客精神，主動跟他們分享了福岡美食！

我們先來一份串燒盛合，以及福岡名物明太子作為餡料的一口煎餃，然後就是關東煮、燒銀杏、炒魷魚和烤魚乾，啤酒由瓶裝飲到生啤，最後有緣品嚐餐牌以外由老闆親自釀製的甘醇米酒，有驚喜！

飲飽食醉後，老闆用未吃完的殘餘魷魚和芽菜為我們炒飯，竟然比想像中的好味，驚喜中的驚喜啊！這個晚上，我不只拍攝了相片，更拍攝了不同角度的短片，準備在網上分享，跟我的支持者「報平安」。

我當時的網頁，仍是隨便名為「小鳳報平安」，英文是「Tori Safety Report」。因為我的本名是「小鳳」，我在中學時曾經以「Tori」作為英文名，這是日語中「雞」或「鳥」的羅馬拼音。

在日本，不少人都人選用「tori」（とり）作為名字，或是名字的一部分，因為在日本文化中，「鳥」經常與自由、希望、和平等意象聯繫起來，「tori」這個名字也蘊含著這些美好的寓意。

當電視台記者訪問屋台的外國食客時，也許因為人在異地的興奮，加上他鄉遇故知的狂喜，而且老闆親自釀製的米酒後勁凌厲，我不只是一般的醉意，竟然讓我做了一件平時不會做的事情，就是接受了電視台記者的訪問。

我的日語竟然比平時更流利，夾雜著少許英語，順行完成了訪問，分享我是來福岡 working holiday，很喜歡吃博多拉麵和牛腸鍋，因為電玩遊戲《戰國 Basara》而認識黑田官兵衛……

訪問後，記者給我名片，我看見他的姓氏，竟然是日本小說、動漫和遊戲作品中的特別姓氏「小鳥遊」，不禁喜出望外。

我就是在這刻犯了一個不可原諒的低級錯誤！

「小鳥遊」作為姓氏，正確的讀法是「Takanashi」，但我竟然唸成「Kotoriyu」。

雖然我當時看見記者臉有難色，我卻不知道有可能冒犯了他，直至歐師傅跟我解釋後，我羞愧得無地自容。

其後，我嘗試跟這位記者道歉，我們因此成為了好朋友。

再其後，我在歐師傅的建議下，將網頁「小鳳報平安」改名為「小鳥遊記」，英文就是「Kotoriyu on the way」。

※

我之所以成為「幸福快餐車」的義工，是因為當晚在屋台喝醉時，突然看見奇異的情景。

屋台這種街頭飲食文化，曾經在香港很流行，是不少香港人的集體回憶，但現在已經無以為繼。

酒意下，我看見屋台內「煮食格」內的關東煮，竟然變成了我們熟悉的咖哩魚蛋和墨魚，而正在烤串燒的爐頭，竟然變成了正在製作煎釀三寶的大鐵鑊。

我彷彿由大丸百貨博多店外的福岡街頭，突然回到香港銅鑼灣的百德新街，但不是現在的香港，而是街邊仍然有很多不同小販在擺賣的香港、大丸百貨仍未結業[11]的香港，爸爸仍未過身的香港……

如果福岡著名的水炊鍋其實是「回憶中的香港味道」，日本拉麵其實是源自廣東雲吞麵，透過日本餃子可以「追尋滿州的味道」，我們是否可以用日本的在地食物，煮出充滿香港特色的美食呢？

過了幾天，我將我的想法告訴歐師傅。他品嚐過我煮的梅子蒸排骨，對我的手

註11：大丸百貨是首間在香港開業的日資百貨公司，位於銅鑼灣百德新街與記利佐治街交界，於1998年6月宣布結束所有香港業務，其後在12月31日正式結業。

藝有信心，完全沒有猶疑，就答應讓我在他的「幸福快餐車」幫手，建議合適的「香港味道」。

我依然是民宿的全職員工，我只是「幸福快餐車」的義工。

我第一個建議是車仔麵，在「幸福快餐車」上售賣車仔麵，是真真正正的「車仔麵」，是否很合情合理？而且很有綽頭呢？

融入日本文化，我將車仔麵的英文「Cart Noddle」改為英文「Cart Ramen」，配料除了竹輪、鳴門卷、選用鴨蛋的溏心蛋、切成墨魚狀的日本香腸等，當然有香港茶餐廳最有名的沙嗲牛肉，以及煎午餐肉配煎蛋，結果比想像中更受歡迎！

我第二個建議就是煎釀三寶，我命名為「港式天婦羅」。歐師傅和我嚴選福岡出產的新鮮蔬菜，但不是配搭香港的鯪魚肉，而是用福岡的鯛魚製成魚膠，經過反覆的嘗試，口感和味道比想像中更理想，加上按照家傳食譜的方法秘製的美味豉油，以及充滿儀式感的長竹籤，可算是香港和日本飲食文化的完美結合，同樣大受歡迎！

我還有第三個、第四個、第五個……甚至第N個建議，包括港式老火湯，溫泉蛋西多士、「天神炒飯」、乾炒和牛通粉、以及不同材料的糖水，但我知道不可以太急進，文化交流和融合，是需要時間的。

我現時只有一個簡單的心願，作為一個「美食旅人」，希望可以我的旅途上，和更多在日本認識的朋友，分享「回憶中的香港味道」。

※

「最後，妳有什麼說話，想跟 Einstein 聽的呢？」

從東京來到福岡的自由記者 Akina，最後竟然向我提出了這個令我意想不到的問題。

「難道…妳也認識 Einstein？」

「正是他建議我來訪問妳的。」

「對不起，他纏繞了妳多久？」

「哈，已經有好一段時間了…」

「Einstein，你這個可惡的傢伙，我現在每一天都過得很快樂、很幸福、而且很滿足，雖然每一天都有不同煩惱，但既然保留和傳承『香港味道』已經是我的使命，以及『旅行的意義』，我相信我有能力可以一一解決！」

我深吸一口大力。

「多謝你！」

【幸福快餐車~香港味道@福岡~】/完

第五章

身為社畜的我，離職前用散水餅向暗戀對象告白失敗，竟然轉生到異世界成為美食大魔王？！

我是滿太郎，我是異世界的「美食大魔王」！

但在我成為「美食大魔王」前，我只是一個不斷被剝削和壓榨的社畜，經常加班只有上班沒有下班的悲慘低級社畜！

這是關於身為社畜的我，如何在離職前打算用散水餅向暗戀對象告白失敗，竟然轉生到異世界，開設了一間不可思議的港式餅店，其後輾轉成為「美食大魔王」的勵志故事！

※

「今天是我在這間公司的最後一天！我必須鼓起勇氣，向我一直暗戀的上原小姐告白！」

我在茶水間準備精挑細選的散水餅時，再次為自己打氣！

身為社畜，而且是黑心企業的「加班之王」，我的人生，只有工作，每日不停的工作，我曾經創下連續十二天留在公司沒有回家的記錄，獎勵是得到老闆娘波多野太太的嘉許電郵，以及更瘋狂的加班。

我在地獄似的辦公室裡，唯一的慰藉，就是大老闆的秘書上原小姐，每次在辦公室看見她，即使我的生命值已近乎零，甚至已經降為負數，也會立即重新振作起來，甘願繼續迷失自我地加班。

我曾經不是這樣窩囊和頹廢的！我也曾經對未來充滿夢想、理想、幻想、甚至妄想，但在成為了這間黑心企業的卑微員工後，彷彿被一股不知名的神秘力量吞噬了，不知不覺間，迷失了自己，我的人生變得只有為公司拼命工作，失去了過去曾經感到興趣的事物，忘記了為了什麼原因仍然存活。

某個晚上，熬過不知多少天的瘋狂加班後，皮膚黝黑得像朱古力的上司向山主任，終於批准我可以小休三小時，我立即把握機會趕回家。三小時，其實連睡覺的時間也沒有，只足夠我洗個澡，更換已經發臭的衣服。

當我拖著疲倦的身軀，回到我假想是一個「五星級的家」的一百呎「劏房」，我突然感到天旋地轉，失去平衡，撞倒了放在地上的一疊小說。

這些都是我曾經最愛的小說，以美食為主題的小說。

當我拿起其中一本環繞「香港味道」的小說，我彷彿感到電流經過我的身體，昏昏沈沈的腦海，突然變得清醒通明。

我彷彿被什麼力量封印了的回憶，突然逐一被喚醒了！

我記得，雖然我的工作很忙碌，很辛苦，但我每天深夜回家都會看小說，幻想自己可以透過不同的美食短暫抽離。這是我曾經的唯一慰藉。

等等！我在這間黑心企業裡的唯一慰藉，應該是上原小姐呀！

我也記起，我曾經最愛打邊爐，跟一大班朋友開開心心打邊爐，每次打邊爐都最少三小時以上，有講有笑，大杯酒，大片肉……

等等！我怎會完全想不起曾經跟我一起打邊爐的朋友們是什麼模樣？

我亦記起，我之所以在這間黑心企業裡工作，是為了儲蓄足夠的金錢創業，我打算開設屬於自己的餐廳，為客人煮出他們喜歡的食物……

我還記起，有一位非常喜歡打邊爐的作家說過：

「打邊爐，是煲湯的藝術，也是時間的藝術。」

這時候，我彷彿聽到一陣既悅耳，又溫柔的聲音：

「打邊爐，是屬於『水之魔法』，也是『時間之魔法』。」

我眼前隨即出現幻象，我竟然看見一個像是電腦遊戲的界面！

「你選擇獨自升級，獲得特別技能『打邊爐』？」

我看見問題下方出現了分別有「YES」和「NO」兩個選項。

我很想立即按下「YES」，但彷彿有股力量在控制著我，我竟然按了「NO」。

像是電腦遊戲的界面，立即在我眼前消失。

我好像有點印象，這股莫名其妙的神秘力量，總是在我需要做決定時，左右了我的選擇。

雖然思緒仍然混亂，我卻做了一個明確的決定：

我不可以再這樣渾渾噩噩下去！我必須立即辭職！

我必須立即離開這間黑心企業！我要回到屬於自己的天地！

當我洗完澡，替換了衣服，我立即用電郵發了一封辭職信給向山主任。

然後，我竟然在煩惱挑選什麼散水餅！

※

究竟是誰發明了散水餅？

我突然記起對香港飲食文化素有研究的蕭欣浩博士在接受訪問時表示：

「以前並不會特別稱之為『散水餅』，我翻查報紙記錄，『散水餅』一詞在二零零五年的報紙首次被提及，從此開始有『散水餅』的說法。『散水』一詞在古代已經出現，本身是建築術語，意思是如何在建築上疏通水分。將『散水』借用在人的身上，象徵人要離開。」

蕭博士補充，自從出現了「散水餅」這個名詞，加上有市場商機和被媒體吹捧，離職時需要為同事準備「散水餅」，逐漸變成約定俗成的稱謂。

起初的「散水餅」，以西餅為主。但是在今時今日，如果收到離職同事派發連鎖餅店西餅，相信大家內心都會有微言，甚至會當面破口大罵。

我煩惱了一會兒，突然靈光一閃，打開手機裡的美食導航程式「Canteenavi」，詢問「散水餅」的好建議。

第一個建議，正是華爾登餅店，這是「Canteenavi」散水餅排行榜的第一位！

我也很喜歡華爾登餅店，但見華爾登餅店如此受歡迎，我從這裡訂製散水餅，會否欠缺新意？

這時候，我再次聽到一陣既悅耳，又溫柔的聲音：

「不會的。華爾登，有好多散水餅的不同選擇！」

與此同時，我突然有一個很瘋狂的想法！

既然我已下定決心辭職，我何不趁機會向上原小姐告白？

即使被她拒絕了，我們應該也不會再見面，應該不用尷尬吧！

我立即查詢第二個建議，竟然是檀島咖啡餅店？

有一位我忘記了是如何認識的網友 Simon，分享說：

「散水餅，非檀島莫屬！這裡的酥皮蛋撻，簡直是人間極品！」

酥皮蛋撻？上原小姐喜歡吃酥皮蛋撻嗎？除了遠近馳名的一百九十二層酥皮蛋撻，檀島還有椰撻、蝴蝶酥、老婆餅、皮蛋酥、拿破崙、豆沙酥、以及果醬曲奇，我需要為上原小姐提供更多選擇？

這時候，我再次聽到一陣既悅耳，又溫柔的聲音：

「『盲盒』，可以為你解決煩惱。」

盲盒？我立即查詢第三個建議，就發現上稀園的「回憶中的香港味道」懷舊小食系列盲盒！

這個盲盒套裝，除了傳統杏仁餅、鴨蛋小蛋卷、鮮蝦小蛋卷、懷舊鴨蛋酥、鴨強鳳凰卷、紫菜肉鬆鳳凰卷等六款美食，據說還有隱藏美食！

我突然有種強烈的感覺，上原小姐應該會喜歡！所以立即在上稀園的官網下了訂單。

然後，我就快樂地煩惱如何以散水餅向上原小姐告白……

※

也許太疲倦了，我想不到什麼告白好方法，打算直接在散水餅的包裝上，寫著代表「I love you」的數字：「143」。

為什麼我不寫「520」，因為這是普通話的「我愛你」，廣東話的諧音卻是「唔要你」！

至於為什麼「143」是代表「I love you」？

「I love you」這三個單字，分別是1、4、3個英文字母組成的，「143」竟然因為這樣就代表「I love you」。

以此作為基礎，想加上7個字母的「Forever」，就在後面加上「7」。如果再加上「44」，就代表加上「very much」了。

等等！是否有點牽強？按此邏輯，「I hate you」也可以是「143」呀！

但我也沒有理會太多，我在每件散水餅的包裝上，都寫上了「143」。

這樣，我就可以確保上原小姐一定可以拿到寫有「143」的散水餅！

然後，當她拿起這件在包裝上寫有「143」的散水餅時，我就會問她：

「妳知道『143』是代表什麼意思嗎？」

如果她知道，我就不用解釋，立即告白。

如果她不知道，我就會詳細解釋，然後——

就發生了意想不到的可怕事故！

當風騷的老闆娘波多野太太拿起其中一件散水餅時，她看見我寫在包裝上的「143」，先嫵媚一笑，然後以鄙視的眼神盯著我，浮誇地大聲叫囂：

「143，『I love you』，原來你一直暗戀我？竟然借派發散水餅的機會向我告白？如果你能夠用這份創意，放在你的工作裡，你早已經升職啦！不會一直是食物鏈的最低端啦！」

我的天呀！波多野太太竟然誤會了我暗戀她？她不只拒絕我，更對我當眾凌辱？我茫然不知如何反應。

波多野太太的大聲叫罵，吸引了其他同事對我的注視，包括上原小姐，一起圍著我，對我冷嘲、熱諷、恥笑、指罵、甚至無情地將散水餅掟向我，我頓時羞愧得無地自容，突然感到萬念俱灰，很想一死了之，離開這個殘酷的世界！

「我想行開吓，忘記咗呢個世界！」

我在內心痛苦地吶喊時，我突然聽到那一陣既悅耳，又溫柔的聲音：

「你願意成為『美食家』？」

我在內心大叫一聲：

「我願意！」

眼前隨即出現熟悉的幻象，我竟然再次看見一個像是電腦遊戲的界面！

「你放棄了獨自升級，你因此獲得特別技能『分甘同味』，連同『打邊爐』，你將會成為『純愛之美食家』，你願意接受嗎？」

我看見問題下方出現了分別有「YES」和「NO」兩個選項。

雖然彷彿有股力量在強迫我按「NO」，但我成功按下了「YES」。

然後，眼前一黑，死寂一片！

※

當我睜開眼睛，就發現自己來到「異世界」。

雖然我沒有遇見「卡車君」，沒有被卡車撞倒。也轉生來到「異世界」。

在「異世界」迎接我的並非掌管「轉生」的「真女神」，竟然是一隻擁有粉藍色長髮美少女外型的史萊姆[1]。

他原來是一個平凡的三十七歲社畜大叔，無緣無故被隨機殺人魔殺死後，就轉生到異世界，成為擁有特殊技能的史萊姆。

關於他轉生變成史萊姆的這檔事，我並沒有太大興趣，卻很高興可以在短時間內遇上伙伴。因為他喜歡吃三文治，我為他命名為「三上」，一起展開在「森林」裡的旅程，他跟我分享了很多在異世界生存的知識，我的精湛廚藝也為他帶來不少生活上的享受。

旅途上，我們遇上不同的魔物，我以「分甘同味」的特別技能，平息了哥林布[2]和牙狼族的紛爭，也收服半獸人、蜥蜴人、大鬼族等魔物，更因為我是「純

註1：史萊姆（Slime）是一種在電子遊戲與奇幻小說中時常出現的虛構生物，以《勇者鬥惡龍》（Dragon Quest）系列中的初階怪物而聞名。史萊姆一詞來自英文「slime」，黏液的意思。

註2：哥布林（Goblin）是一種傳說中長相怪誕可怕、小型的類人生物，一般都有長長的尖耳，鷹鉤鼻和金魚眼。最早在中世紀出現，廣泛流傳在多種歐洲文化的民間傳說中。

愛之美食家」，意外地成為了牠們的盟主。

當我們遇上傳說級的魔獸芬里爾，幾乎以為會葬身異世界，慶幸我突然獲得特別技能「美食盲盒」。芬里爾喜歡新奇、刺激和驚喜，牠被盲盒裡意想不到的「香港味道」所收服。因為牠的血盤大口，我為他命名為「江口」。

「美食盲盒」的不同食物裡，「江口」最愛味道特別的流浮山金蠔酥，從此成為了我的二號從魔，有需要時更會成為我和「三上」的座騎。「江口」能說話也能讀懂人類文字，擁有不遜於遠古龍族的戰鬥力，在異世界的歷史裡，曾經有牠獨力毀滅了整個國家的記載。

「江口」不喜歡接觸水，應該說牠是害怕水，我的特別技能「打邊爐」是「水之魔法」，正好讓我用來克制牠！「江口」的本體是一身飄逸銀灰色長毛的巨狼，卻在我的魔法下，平日是可愛的「抱抱犬」模樣，我只會在有需要或戰鬥時釋放牠的力量。

「江口」其實是非常喜歡吃肉的大胃王，牠為了讓我將各種高階魔獸變成美味料理，每一天都努力打獵，開啟了我的眼界同時，也幾何級數提升了我的能力！為了妥善儲存各種魔獸變成的美味食材，以及搭配不同醬料，將魔獸的不同部位，烹調出各式各樣的佳餚，我從此獲得了「無限收納」和「網路超商」兩項足以稱霸異世界的特別技能。

但是，真正令我可以成為「美食大魔王」的基本條件，竟然是我一直沒有好好開發的特別技能「打邊爐」！

只要我用「打邊爐」的方法，吃下不同的魔物，牠們就會跟我融為一體，讓我以飛躍的速度升級同時，這些魔物更會成為我的「闇影魔獸」，可以隨時被我召喚出來，我慢慢建立起屬於我的「闇影軍團」！

某日「江口」鬧脾氣，牠很想吃龍肉，我就帶著「闇影軍團」直闖龍潭。激戰連場後，我的特別技能「美食盲盒」成功升級為超級技能「美食福袋」，幸運地及時收服了古代的雌雄巨龍「多拉」和「貢爺」，因為「多拉」喜歡吃煲仔飯，「貢爺」喜歡吃雞燉翅，我分別將牠們命名為「飯島」和「加藤」。

我們在森林開始覺得無聊，我就帶著「三上」、「江口」、「飯島」和「加藤」，一起踏足城鎮，驚訝這裡的人類竟然完全失去了味覺，只能以本應難以下嚥的垃圾食物裹腹，不能夠再享受到美食的樂趣。

為了治療他們，我的「分甘同味」突然升級為「味蕾覺醒」，「美食福袋」更升級為「美味回憶」，讓他們可以再次品嚐美味同時，不同的味道更可以重新連結他們失去的記憶。

我因此被稱頌為「天才治療師」，到冒險者公會服務處查詢時，遇見雖然是公會的櫃檯小姐，但因為不想加班所以打算獨自討伐迷宮頭目的可愛美少女，為免「三上」不高興，我跟她保持距離。

我被最強公會「嘆息的亡靈」招攬，但「嘆息的亡靈」的會長安德里根本是虛有其表，他的秘密被我發現後，就以我沒有治療師牌照，而且攻擊能力不足為藉口將我開除，只給了我一個金幣作為遣散費。

安德里不知道我的真正身份是「純愛之美食家」，以為我只是個較為特別的平民治療師，所以犯下了足以致命的錯誤！「江口」本來想為我出一口氣，我卻選擇原諒他，因為我相信他總會得到應得的教訓。

我為「嘆息的亡靈」的其他成員製作了「散水餅」，竟然大獲好評。我本來打算以安德里給我的金幣，在異世界推廣「散水餅」文化，卻偶然救贖了一個落難的精靈少女，「三上」、「江口」、「飯島」和「加藤」，連同「闇影軍團」各階級的將領和士兵，都很喜歡她，我替她改名為「彌生」。

我和「彌生」在某處荒廢了的村莊裡，共同開設了名為「異世界」的港式餅店，以不同的「散水餅」作為治療的工具，透過「味蕾覺醒」，讓無論是人類、亞人、精靈和魔物，都可以重新擁有味覺，享用各式各樣的美食。

兜兜轉轉，我這個擁有超常技能的異世界流浪美食家，其後由瞬間治癒卻被當成廢物踢出隊伍的天才治療師，改當無照治療師快樂過活了好一段時間，直至「味覺的最後審判」，我竟然幾乎由平凡上班族到異世界當上了四天王！

原來一直以「食物安全」的名義，在異世界操控各個族群的「味皇」，跟我一樣都是穿越時空的「美食家」，但他是「暴虐之美食家」！我樂意「分甘同味」，他卻堅持「獨沽一味」。

「味皇」擁有「火之魔法」，多年來設下了「味之結界」，以「吃香喝辣」封印了不同生物的味覺，以及跟飲食的相關記憶，不斷以「辣」來麻痺他們的神經，作為管治的手段。部分人類、精靈和魔物，卻因為我的「味蕾覺醒」而重新尋回自我，「味皇」為了固他的霸權，將這些「覺醒者」誣衊為「劣食者」，必須接受再教育。

「味皇」加強監控，以各種藉口和手段，派遣座下「七曜」和「九柱」的「味將軍」捉拿「劣食者」，整個異世界為此動盪不安。

但是，「味皇」的洗腦已經不再奏效，大家再次獲得美味的回憶後，又怎會願意繼續被欺壓？他的心腹之一「味頭巾」率先叛變，並且推舉「美食大魔王」作為反抗軍領袖，召集各路精英，向「味皇」正式宣戰！

大戰一觸即發，「美食大魔王」為了增強戰力，招攬我成為最重要幹部四大王之首，但在「三上」的建議下，我已成為一方霸主，跟他結盟較為合適。所以，我推薦了那位美麗的公會櫃檯小姐，她真的由平凡上班族在異世界當上了四天王，被賜封為「處刑人」，手執上古神兵「巨神的破錘」，在前線衝鋒陷陣。

我和「美食大魔王」在「惡魔地下城」結盟後，被贈與「滿大人」的封號。因為「好味道才是正義」，我選擇成為「正義的審判官」，揭開了「味覺的最後審判」的序幕。

「味皇」派出沒有味覺沒有回憶沒有思想如同行屍走肉的「喪屍 100 兵團」打頭陣，我在大軍中看見安德里和其他「嘆息的亡靈」會員，他們都淪落成為 Level 1 喪屍，而且都是「奇行種」，他們很快就由「嘆息的亡靈」變成「安息的亡靈」。

經過七七四十九日的激烈大戰，雖然成功殲滅了「味皇」座下的「七曜」和「九柱」，但我方主力四天王相繼壯烈犧牲，全靠我的「闇影軍團」，連同「三上」、「江口」、「飯島」和「加藤」堅守防線，以及由「彌生」和「異世界餅店」的忠實客戶負責後勤，我方才可以在「味皇」以最終武器「食戟之靈」發動猛烈攻勢下仍然力保不失。

這場「大審判」的轉捩點，是我及時發揮小宇宙，突破了「阿賴耶識」，以「打邊爐」升級後的究極技能「另起爐灶」，召喚出被尊稱為「五味」的傳說中五位最強「原初惡魔」——「甜」、「鹹」、「苦」、「酸」和「鮮」，我們集合不同境界的力量，終於打敗了「味皇」，成功讓異世界撥亂反正，所有物種都得以重生，「味皇」多年來的獨裁政權，終於土崩瓦解，大家終於恢復與生俱來的味覺，終於再次得到味覺的自由。

雖然我們得到最後勝利，卻失去了很多戰友，先代「美食大魔王」也身心俱疲，趁機會退位讓賢，由我來接手成為新一代的「美食大魔王」。而我作為「美食大魔王」的首要任務，正是為了平衡宇宙裡不同界別的客戶，籌劃各種特別主題的「異世界美食冒險之旅」。

這個就是關於身為社畜的我，離職前打算用散水餅向暗戀對象告白失敗，竟然轉生到異世界成為「美食大魔王」的傳奇故事！

※

「這次訪問，我本來是要解開香港散水餅文化之謎團，想不到……竟然可以聽一個如此有趣的故事，謝謝您！」

從日本遠度而來訪問我的記者Akina，未能在短時間內消化我的傳奇故事，她也許以為我只是將很多動畫、漫畫、輕小說和電玩遊戲的劇情東拼西湊，但我是理解的，因為對於這個世界的一般人類，實在超乎了他們的想像。

「今晚十一點妳會做啲咩呀？」

「嗯？」

「如果妳想解開『散水餅』之謎團，今晚來我的『異世界餅店』吧！」

「嗯！」

「請記住我們的暗號：『我想行開下忘記咗呢個世界』。」

「嗯⋯⋯」

結果，Akina選擇去了「打邊爐教授」的熱鬧火鍋店，並沒有到訪我這間不可思議的港式餅店，錯過了可以改寫人生，重新發現「我是誰」的寶貴機會。

【身為社畜的我，離職前用散水餅向暗戀對象告白失敗，竟然轉生到異世界成為美食大魔王？！】／完

第六章

準備好大吃一場・升級版

我是一個「城市記錄員」。我的名字並不重要。

我選擇用自己的方法，記錄這個城市的不同味道。

我不是什麼 food blogger，我也不是什麼 KOL。

我只是一個喜歡吃的普通人，一個好普通的香港人。

過去幾年，我選擇了躺平，直至珍寶海鮮舫葬身大海[1]，我才如夢初醒。

面對近年香港各界的結業潮，雖然有種令人有種難以言喻的無力感，我卻有種不知如何解釋的使命感，認為是時候必須做點事情！

你或許覺得愛莫能助，我們還可以做什麼？

即使沒有能力改變大環境，卻可以轉換心情！

註1：2022年6月14日，珍寶海鮮舫開始拖離香港，在南丫島鹿洲附近轉交遠洋拖船，6月18日下午，駛至南海西沙群島附近水域時，突然遇上風浪，船身入水開始傾側，船方稱珍寶海鮮舫於6月19日全面入水沈沒於南海。

一起以輕鬆愉快的心情，好好生活，好好吃飯。

※

吃。
大吃。
認真吃。
一個人吃。
結伴一起吃。
到不同地區吃。
吃有特色的食物。
吃快要消失的食物。
吃我未曾聽聞的食物。
吃可以代表香港的食物。
吃可以代表香港人的食物。
吃出屬於你和我的美食地圖。

※

過去我很喜歡到日本旅遊，我和很多人一樣，總是笑稱日本是我們的「鄉下」，而日本的四十七個都道府縣，過半數我已留下足跡。

大家有玩過「制縣等級」[2]嗎？

在這個「制縣傳說」的網站，只大家要花數分鐘的時間，就能輕鬆算出你的日本旅遊指數有多高，從而製作一份屬於你的日本旅遊制霸地圖。

地圖上，共有「沒去過」、「通過（路過）」、「接地（休息、換車等）」、「訪問（遊玩過）」、「宿泊（住宿過）」和「住居（居住過）」六個選項，分成0至5的「制縣等級」，若然在日本47都道府縣都曾有過居住經驗，滿分是235分，即使是日本人也未必能夠拿到這個分數！若然你可以在每個都道府縣都曾住宿，就會拿到188分。至於我的分數，不算太高，剛剛超過150分。

註2：「JapanEx制縣傳說」是2016年由日本網友開發的一款APP，將你曾去過的日本城市根據目的性變成分數，以測試你的日本旅遊指數。
網址：https://zhung.com.tw/japanex/

我參考了「制縣傳說」，在熟悉 IT 的朋友的協助下，成功製作了命名為「制霸香港」的香港美食地圖。

我按照香港十八區來設計地區，將「制縣傳說」的六個款項改為「沒吃過」、「路過」、「偶然吃」、「經常吃」、「定期吃」和「日日吃」，但有網友反響，除了「沒吃過」清楚明白，其他五個款項都可以有不同理解，例如「路過」是否也等同於「沒吃過」？如何定義「偶然吃」、「經常吃」和「定期吃」？即使你是在某一區居住和工作，也不會在該區「日日吃」吧！

從錯誤中學習，我立即作出調整，六個選項改為五個，而且都是可以量化的，分別是「沒吃過」、「吃過 1 次至 10 次」、「吃過 11 次至 50 次」、「吃過 51 次至 100 次」和「吃過 100 次以上」，另加一個新增功能「最愛哪一區的美食？」，鼓勵大家在該區推薦一間「最愛餐廳」。

改善後的「制霸香港」，評價比想像中的好，得到不少網民的支持，讓我認識了很多新朋友，包括來自日本、懂得廣東話、同樣熱愛香港美食的記者 Akina。

※

去年十一月下旬，Akina 來香港採訪時，我帶她參加了三場不同風格和內容的蛇宴。

蛇羹，可算是最能夠代表香港的食物。

點心、燒味、雲吞麵、街頭小食、茶餐廳美食、以及其他不同種類的香港味道，在香港以外的地方都可以吃到，但是只有在香港，才可以品嚐到既有益、又有特色的蛇羹。

當然，大前提是你不怕吃蛇。

Akina 是我認識的日本人中，少數不怕吃蛇的。

她有可能比很多香港人更愛吃蛇，更有可能比很多香港人更了解「太史五蛇羹」的典故，連我也不知道「五蛇」是什麼，她卻可以清楚說出「飯剷頭、過樹榕、金腳帶、三索線和百花蛇」，而且是標準的廣東話。

第一場蛇宴，在彩虹邨的金碧酒家。

這晚並不是一般的蛇宴，還有羊腩煲，設有大抽獎，壓軸高潮竟然是打邊爐！

這晚筵開十二席，以金碧豉油雞打頭陣，以白灼蝦熱身，主角「三蛇」隨即華麗登場：材料豐富的七彩炒蛇絲、大大粒又熱焫焫炸蛇丸、以及兩大窩美味蛇羹！

食完蛇，抽完獎，古法荷葉蒸水魚震撼登場！然後就是豉汁蒸盤龍鱔、枝竹羊腩煲，以及蛇羹的絕配生炒臘味糯米飯，甜品是南瓜西米露，特配靚清酒，以及蛇王協的三蛇膽酒，非常豐富！

這晚不是一般的蛇宴，而是升級版的秋冬進補宴！

這晚我們發現了兩個新食法，以及非常過癮的新玩法！

平時吃蛇羹，會配菊花瓣、檸檬菜和薄脆，前兩者可以帶起獨特的香味，而薄脆的爽脆能夠帶起口感，今晚有兩大窩蛇羹，每人可以食到兩碗，第二碗就嘗試加入少許蛇酒，效果出奇地夾，幾倍以上的色香味俱全！

平時吃羊腩煲，很多人吃完羊腩及配料就結束，這晚我們竟然用羊腩湯汁打邊爐！活動搞手是一位美食作家，他特別到九龍城街市的「陳記荳品」，購買了十多斤「水晶魚蛋」，非常爽口彈牙，和濃郁的羊腩湯汁，拼出一個「鮮」字，超乎想像的味覺享受，我和 Akina 都渡過了一個非常愉快又難忘的晚上！

第二場蛇宴，在深水埗的蛇王協。

這晚同樣不是一般的蛇宴，而是「文化導賞＋懷舊蛇宴」。

這晚由女承父業的女蛇王嘉玲姐負責「文化導賞」，讓我們享受一餐好玩又好味的「懷舊蛇宴」。

這晚筵開四席，雲集了各界友好。每人都有一份手信，就是活動搞手剛剛從台北帶回來的 Hello Kitty 鳳梨酥，讓本來已經非常豐富的懷舊蛇宴，升級成為非常特別的「龍虎鳳宴」。

Akina 拿著 Hello Kitty 鳳梨酥自拍，在網上分享相片時，寫了一句：「究極之蛇宴，香港、台灣和日本的味覺饗宴！」。

這晚懷舊蛇宴的「開胃菜」，先由嘉姐玲風趣幽默地跟大家進行文化導賞，講解有關蛇的小知識，包括：「五蛇」的藥用療效，釀製蛇酒的秘訣，如何分辨真假蛇膽等等，更重要是嘉玲姐帶同好拍擋：較為純品的球蟒「小花」和非常活潑的眼鏡蛇「四眼」，跟大家見面 say Hello，他們作為蛇王協的「知客」，在嘉玲姐的指導下，跟勇敢的參與者合照留念，牽起了一段小高潮。

Akina 當仁不讓，率先左擁右抱，同時跟「小花」和「四眼」合照，相片在網上分享後的反應，非常熱烈！

這晚「文化導賞」的另一高潮，就是我們在學會如何分辨真假蛇膽後，一起品嚐三蛇膽（飯鏟頭、金腳帶、過樹榕），嘉玲姐不是用酒，而是用水來沖蛇膽，讓大家可以細味蛇膽那份獨有的甘甜，用味蕾記下這款屬於我們的「香港味道」。

嘉玲姐更為我們準備了講義，內容包括了【防止蛇咬的方法】、【看齒痕分辨別毒蛇】、以及【被毒蛇咬傷後的處理方法】，非常貼心，Akina 特別問嘉玲姐拿多幾份，帶回日本。

這晚的懷舊蛇宴比平日更豐富，因為這是升級版，甚至是星級版：太史五蛇羹、龍飛鳳舞（炒蛇肉、鴕鳥肉）、金龍獻珠（炸蛇丸）、椒鹽蛇碌、生炒蛇崧、蛇汁時蔬、秘製炆蛇腩、古法白切雞、生扣野生大山瑞、秘製羊腩煲、巨形老蛇虫草花燉烏雞、滋味生炒糯米飯，除了隨套餐附送的三蛇膽酒，搞手特別加錢讓大家享用「入口不會太燒喉，飲完身體好溫暖」，以古法釀製的五蛇膽汁酒，連同「三蛇膽」，這晚總共有十四款「回憶中的香港味道」，正如宣傳口號「飲得出色，食得招積」，大家都渡過了一個充滿驚喜、身心靈飽足的溫馨晚上！

第三場蛇宴，在中環的陸羽茶室。

這晚筵開兩席，並沒有享用蝦多士、咕嚕肉、杏汁白肺湯、脆皮糯米雞、脆皮糯米雞等陸羽馳名的傳統菜餚，而是細味五款和蛇有關的精緻菜式，以及充滿驚喜的羊腩煲。

這晚有不同的精選清酒，其中兩枝令我留下深刻印象的，都是由 Akina 帶來：二兔蛇年干支萬歲五十五純米吟釀しぼりたて生原酒，以及奈良美智 xARABAKIx 伯楽星純米大吟釀 2024。

除了主角之一的絲竹雞蛇羹，其餘四款和蛇有關的菜式，分別是既賞心悅目又美味的百花炸蛇團、冬筍炒蛇絲、蛇鬆生菜包、以及蛇汁菜膽雞，另一個主角是鮮草羊腩煲，雖然蛇羹多數配飽肚的糯米飯，但這晚我們吃煲油鴨臘味飯，蔬菜是鮮蟹肉扒豆苗，甜品就有陸羽名物之一的蓮子蓉香糭，因為沒有喝杏汁白肺湯，所以點了蛋白杏仁露，這晚一同為人馬座和山羊座的朋友慶祝生日，特別加點了蛋黃蘇蓉壽桃。

羊腩煲，就像蛇羹，都是非常有代表性的「香港味道」，重點是嚴選羊腩，必須「連皮、帶肉、黐骨」。陸羽茶室的羊腩煲，沿用舊式做法，先斬件，後烹調，腩位仍然保留羊骨，炆的火候剛好，肉很腍，卻有嚼頭，不用蘸點腐乳同食，也能夠嚐到新鮮美味。

香港味道的其中一個重點，在於「鮮」味。

這是 Akina 讓我們重新學習到的美食知識。

※

這個六月，Akina 再來香港，他準備訪問不同的「美食家」。

有朋自遠方來，我早已為她籌劃了「香港、九龍、新界、離島美食文化之旅」，卻隨著店舖結業潮而有所改動。

屹立於沙田瀝源邨超過二十年，以價格經濟實惠和菜餚高品質而聞名的富東閣海鮮酒家，突然宣佈在六月三十日結業。

同樣在六月三十日結業的老店，還有屹立於新蒲崗超過四十年，由何氏三代經營，被視為社區精神支柱，深受街坊支持的新寶冰廳。

二零一四年進軍香港，高峰期曾開設七間分店，以博多豚骨拉麵聞名的日本過江龍金田家拉麵，最後一間在銅鑼灣的分店亦於六月底光榮結業。

同樣是在六月三十日結業的，還有一九九六年開幕，高檔超市品牌 city' super 設於銅鑼灣時代廣場地庫，營運近三十年的美食廣場「Amazing Food Hall」。從此，city' super 全面退出香港美食廣場業務。

同樣是一個時代的結束，對香港市民衝擊更大的是，創立於一九八四年，二零二一年易手的大班麵包西餅，竟然於六月廿四日即日起全線停業。餅卡隨即變成廢紙，老闆廖志強不只多間分店因為欠租遭業主入禀法院追討，更拖欠逾二百多名員工約三千二百萬元薪金。

經過了這兩年，我對於一浪接一浪的結業潮，已經感到有點麻木。

我決定選擇用另一種更有效的方法，記錄這些曾經出現的「香港味道」……

※

我跟 Akina 相約在九龍寨城公園集合。她一落機，就拖著行李，來參觀「九龍城寨光影之旅」，紀念於一九九一年起正式清拆的「九龍城寨」。《九龍城寨之圍城》以九龍城寨為背景，是香港第二套票房突破一億港元的港產片，除了囊括香港電影金像獎最佳電影等九個大獎，在日本也叫好叫座，帶動起香港流行文化在日本的另一股熱潮。

「九龍城寨光影之旅」電影場景展，是一個為期三年的展覽，引述官方的活動介紹：「是次場景展由電影專業美術團隊精心打造，透過沉浸式場景設計，融入本土傳統工藝元素，重現城寨日常，並首次結合大型投影，讓參觀者一同感受當年飛機在城寨掠過的聲效和影像。」

然而，當我踏足展覽場地時，突然有種很奇怪的感覺，突然聯想起近期在日本播放的動畫，由同名漫畫改編的《九龍大眾浪漫》……

Akina 很喜歡這個展覽，不斷拍攝相片和短片留念，甚至進行了一段直播。我有理由相信，Akina 雖然是日本人，卻比很多人香港人更愛「九龍城寨」，就像《九龍大眾浪漫》裡的工藤發……

《九龍城寨之圍城》讓港式叉燒飯人氣急升，文武雙全的香港作家喬靖夫，在電影裡飾演神秘光頭雙刀客，兼且可以煮出美味叉燒飯的「阿七冰室」老闆，也因此大受歡迎，Akina 今次來港，也會約他見面……

《九龍城寨之圍城》的空前成功，希望不是曇花一現。香港曾經被譽為「東方荷里活」，或許是時間讓我們好好思考「電影＋文創＋旅遊」的可行性，相信「展覽經濟」配合電影裡的美食，擁有很大的發展空間。

Akina 參觀完展覽，我帶她到禾牛薈火煱館，品嚐真正來自九龍城寨的美食：沙嗲牛肉火鍋。

我往時幫襯禾牛薈，多數去尖沙咀金馬倫道的分店，今日特別跨區來到九龍城的總店。而且，我往時來禾牛薈打邊爐，湯底多數點招牌禾牛薈（牛骨、牛肚、牛膀、牛筋、大腸），或是寒天翅瓜滑雞鍋，或是瑤柱火腿冬瓜雞腳湯，配好多海鮮，然後按照從小說學習的方法煮泡飯。

但是，今天我和 Akina，特別品嚐老闆 Eddie 哥親自主理的懷舊沙嗲湯，果然是充滿驚喜！

這一鍋，並非一般沙嗲湯，而是源自九龍城寨的沙嗲湯，湯底不會概撻撻，味道不是死鹹，飲完不會口乾，花生味香濃，色香味全俱，重點是湯裡還有豬皮、炸

腐竹和冬菇的配料，

沙嗲湯，跟牛肉是絕配！今晚我們以美國安格斯肥牛，拼本地手切肥牛，前者好嫩滑，後者有肉味，在這個沙嗲湯裡都得以昇華，是令人回味無窮的沙嗲牛肉啊！

※

我和 Akina 在九龍城，跟 Eddie 哥打邊爐後，翌日的重頭戲，是到北角的鳳城酒家，探望老闆兼總廚景叔（譚國景）。

探望老闆景叔，我們先去上環永吉街的檸檬王。

日本電視台節目《ANOTHER SKY》再有日本藝人在香港拍攝遊記，繼二零二三年深愛香港的齋藤工，這次是在四分一個世紀前來到香港拍攝電影《不死情謎》[3]的瀨戶朝香

註3：《不死情謎》（Bullets of Love）是一部香港與日本合拍的電影，於2001年上映，由劉偉強導演，並與一瀨隆重聯合監製，陳十三編劇，黎明與瀨戶朝香主演。

在二零二五年六月十四日播出的《ANOTHER SKY》節目中，瀨戶朝香重返香港，走訪了不同地區，包括創立於一九七三年的涼果名店檸檬王。她品嚐了多款檸檬王的地道風味產品，而且一邊試食，一邊大讚「好味！」非常親民。涼果，也是最能夠代表香港的食物。

Akina 在店內拍照留念，跟店員閒聊後，就購買了甘草檸檬、芒果乾和八仙果，然後我們就乘坐電車，前往灣仔。

※

位於灣仔茂蘿街，專門售賣懷舊食物和紀念品的美樂士多，在 M7 的 Pop-Up Store 於六月尾滿約。

《九龍城寨之圍城》裡有一款小食，可能比港式叉燒飯更受注目，就是「眼鏡朱古力」！美樂士多也有售。

Akina 告訴我，「眼鏡朱古力」正式名稱叫「ハイエイトチョコ」，這款針對小朋友的食品是不少香港人的集體回憶，其實是源自日本，於一九六七年在大阪面世。

當時日本剛開始可以自由輸入可可豆，市面上朱古力產品價格較貴，為此大阪「フルタ製菓」（Furuta 製菓）就使用「玩具零食」的包裝，推出這款有趣的「眼鏡朱古力」。

這種包裝的優點，是可用較少量的朱古力（14 顆）成為一件商品推出市場，而且在「8」字包裝左右兩邊穿上橡皮圈，就可當作眼罩，當小朋友戴上後，就可以幻想自己是特攝片內的英雄，或者是幪面大俠，好玩又好味，在當年資源相對匱乏，對小朋友是很有吸引力。

Akina 買了幾件「眼鏡朱古力」作為手信，但她更喜歡「我愛廣東話」的地區系列貼紙，以及香港路牌匙扣，她買了一個「香港↓日本」的匙扣，立即掛在背包上。

Akina 也買了麥芽糖餅和珍寶珠，我就買了橙汁味的孖條[4]。我本來想跟 Akina 分享孖條，但擔心有點冒犯和失禮，只好作罷。

然後，我們在附近克街的雄記美食吃午餐。

註 4：孖條是一條雪條內有兩枝雪條棒，可分開成兩條雪條。一支孖條二人分，絕對是不少人童年的美味回憶。

※

有一種幸福，是可以吃到雄記！

我們每人先來一杯雄記自家製的腐竹糖水，透心涼，也不會太甜，很合 Akina 的口味。

今日我沒有吃招牌菜牛雜粥，而是由雄哥為我特製了一碗「鴛鴦腸豬骨粥」，鴛鴦腸是豬粉腸和牛粉腸，好有趣的組合！Akina 就點了冬瓜鴨腿湯飯。

今日我也沒有點雞蛋煎腸粉，而是選擇強嫂建議的雞蛋煎河粉，腸粉就改配麻辣魚皮，同樣是好有趣的組合！我再加多一碗芫荽餃，因為 Akina 喜歡吃香菜。

雄記店內擺設了很多懷舊玩具，令 Akina 嘆為觀止。雄哥和雄嫂的殷勤款待，也令 Akina 留下深刻印象。

Akina 跟雄哥和雄嫂合照後，我們再乘坐電車，前往北角。

※

這晚在北角鳳城筵開兩席，我們和「制霸香港」的友好，一同品嚐景叔主理的巧手特色懷舊菜：正宗灌湯餃、大紅乳豬全體、雞子戈渣、野雞卷拼生魚卷、玉簪田雞腿、順德魚雲羹、龍穿鳳翼球、紫羅炒鴿片、上湯煎粉果、鳳城炒飯、以及必食之選蓮蓉焗布甸，這些都是有歷史、有故事的傳統名菜。

雖然已過了茶市，這晚我們卻以快要失傳的正宗灌湯餃揭開序幕！北角鳳城的灌湯餃，是真真正正的灌湯餃，放在竹籠裡，以特製L形鐵片承托，不是坊間魚目混珠違反商品說明條例的「浸湯餃」，貨真價實，足料美味。

品嚐正宗灌湯餃，是一種享受，也是一門藝術。先用將那個特製L形鐵片連同灌湯餃，一起優雅地拿起，拍照後灑落小碗裡，輕輕咬開灌湯餃的一角，淺嚐餃裡的湯汁，因為是剛剛蒸好，小心太熱會燙嘴。再飲湯汁，或者讓湯汁傾瀉小碗裡，各適其適，然後就可以盡情吃餃子。

吃灌湯餃，我不喜歡加醋，但也不反對Akina以少許紅醋來吊味。對於日本人，紅醋是很奇妙的中式醬料。

這晚另一重點，就是像一塊方磚的雞子戈渣，外脆內嫩、極考工夫。太史戈渣是用金華火腿及老雞熬成上湯，將上湯混入雞蛋、生粉，加少許豬油，還有把雞子蒸熟後揉爛、混合、煮成漿，所以又叫「雞子戈渣」。

我最愛的是順德魚雲羹，工序極多，好考功夫，是餐牌上沒有的巧手名菜。先把魚頭拆肉煮羹，然後把魚頭煎香、灒酒、煮湯，滾好湯後，把魚頭雲撈起，再加入冬菇、鮮荀、勝瓜、欖仁和金華火腿等切絲配料，非常足料，味道濃郁！建議先嚐原味，然後才按口味加少許胡椒粉。

這晚重點中的重點，就是由景叔分享鳳城酒家的歷史，以及他的飲食心得。景叔有問必答，講解不同菜式背後的玄機，例如：「雞子戈渣」是否真的有雞子？鳳城炒飯」為什麼以蠔油來煮？

這晚由景叔口述歷史，我們有幸見證歷史，甚至一起成為了歷史的一部分……

※

翌日，我和 Akina 新界一日遊，中午在富東閣食點心加片皮鴨，晚上一同參加圍村盆菜宴。

我們在法定古蹟的祠堂裡吃盆菜前，先有圍村深度遊導賞，以及龍獅體驗，還有一些隱藏驚喜活動，有機會再跟大家分享。

Akina 參照「香港非物質文化遺產資料庫」的簡介，得悉盆菜屬於「社會實踐、儀式、節慶活動」的類別，清單編號是「3.59」，這是「新界本地圍村傳統會在宗族祭祀、打醮、婚嫁、添丁『點燈』、祠堂開光等場合，烹煮盆菜以饗族人，稱為『食盆』，族人圍坐而食，象徵團結。盆菜是新界本地宗族鄉村傳承了數百年，保留至今的一項獨特飲食文化，不但起著維繫族群的作用，而且具有確認宗族成員身分的社會功能。」但其實盆菜近年已經成為了香港各區的普及飲食文化。

香港的飲食文化，絕對是博大精深，集合了不同的味道！除了有可能最具代表性的茶餐廳，還有很多很多不同的選擇！

這幾天，我和 Akina 一起「制霸香港」。

我為她精心設計的「香港、九龍、新界、離島美食文化之旅」，先後在九龍打邊爐、在香港島食懷舊菜、新界食盆菜、以及在長洲吃海鮮（除了按照曾參演劇集《大叔的愛》的日本女演員伊藤修子的長洲行程，也趁機會到電影《久別重逢》的拍攝景點朝聖），不只是悼念即將結業的餐廳，更重要是珍惜當下，守護仍存在的一切。

※

製作「制霸香港」的美食地圖後，我突然有所感悟！

與其消極地懷念已消失的，倒不如積極地珍惜仍存在的。

因為這個信念，我由「城市記錄員」，轉型為「城市守望者」。

在這個既熟悉又陌生的城市，我嘗試善用閒暇的時間，希望專心做好一件事。

召集志同道合的友好，努力守護和傳承「香港味道」。

我們不只要吃得飽，也要吃得好，更要吃得有意義！

我們要好好珍惜每一餐，每一餐都可能是最後一餐！

我，已經，準備好，大吃一場。

你呢？同樣熱愛香港味道的你。你也準備好嗎？

準備好一起守護歷史，傳承文化，放眼未來，以美食「制霸香港」？

【準備好大吃一場・升級版】／完

第七章

生活是藝術，生存是戰術。

這是他們在這個月的例行越洋團聚。

一起在網上暢所欲言實時分享彼此生活。

即使天各一方，仍可以品嚐和傳承家鄉美食。

屬於他們的、不能被取代的、回憶中的香港味道。

※

他們分別是大強、偉業、興發與福榮。

在英國的大強、在台灣的偉業、在加拿大的興發、以及仍然留在香港的福榮。

由中學時代開始，他們已經是感情要好的好朋友。雖然今天分散各地，卻在福榮建議下，舉行每月一次的網上飯聚。

現在是香港時間晚上十二時左右、英國時間下午五時許、加拿大溫哥華時間早上八時多，香港和台灣沒有時差；他們分別在電腦前吃下午茶、早餐和宵夜。

興發在家中煮了燶邊太陽蛋腸仔牛油果醬多士火腿通粉的港式早餐、偉業在台北臨江街觀光夜市附近的港式餐酒館「再聚 Reunion Place」抽水煙飲調酒、大強在他家中的「香港味道實驗室」準備炸乳豬，福榮和很多客人一同在他已接手三年多的火鍋店「夜繽紛」……

※

福榮：大強，恭喜你！你的「香港味道實驗室」網上頻道，訂戶已衝破五十大關！

興發：之前你說「十萬只是一個小數目」，現在應該不用再謙虛了！

偉業：你打算如何慶祝？會直播嗎？

大強：多謝！多謝！多謝！我今晚有個小網聚，我會親自烤隻乳豬。

偉業：用「叉燒炳」留給你的那個傳統炭爐？

大強：對！用炭爐烤出來的乳豬，特別皮脆肉嫩！

福榮：你已承繼了「叉燒炳」的遺願，努力傳揚「香港味道」。

大強：所以，今日我不只邀請了友好的「香港人」，還有其他不懂廣東話的鄰居。

興發：Singh、Olivia、Meredith 和炳嫂，他們近況如何？

大強：炳嫂已移居澳洲，和女兒同住。Singh 上個月收留了一隻流浪貓 Elizabeth，Elizabeth 現時是他和愛犬 Stephen 家中的新主人。Olivia 的兒子出生了，Meredith 將他命名為「Ben」，紀念「叉燒炳」！

福榮：正如那個奇怪大學生所說的，Olivia 的胎兒真的是男孩子。

興發：那麼，他將來會否真的成為一個有名的廚師？

大強：我們不想給小 Ben 太大壓力，一切順其自然吧！

偉業：那個大學生，真不是一般的奇怪！他再沒有跟你聯絡？

大強：自從那一天後，他就消失得無影無蹤，我曾經嘗試用他的網名「HK1841」去尋找他，也沒有任何發現。

福榮：人與人之間的緣份，果然是非常奇妙！

偉業：我覺得更奇妙的是，現時香港不是經濟低迷的嗎？不是很多香港人都選擇北上消費嗎？但你的火鍋店竟然如此熱鬧？真真正正的「夜繽紛」啊！

興發：中文大學有研究指出，香港人北上消費，對本地消費影響不大。

大強：香港經濟低迷的主要原因，其實大家都心裡有數。

偉業：但我早前看報導，標題是「水煙成深圳夜經濟新亮點」，話說深圳福田區有一條新興的「水煙街」，聚集超過二十間特色酒吧，迅速成為夜經濟熱點。該街區以多元水煙文化及獨特酒吧氛圍，吸引大批港人及外地客前往體驗，更成為港人北上夜遊的熱門選擇。

興發：網上有人形容現時深圳等同九十年代的蘭桂坊，果然是「十年河東，十年河西」。

大強：正所謂「風水輪流轉」。

偉業：輪流轉~幾多重轉？循環中~幾段情緣？[1]

興發：千秋百樣事~幾多次輪迴？

大強：點解世事萬千轉？

福榮：我不清楚深圳的真實情況如何，只知道現在香港真的很靜，比疫情期間更靜，即使在旺角鬧市，很多食店在九點已 last order，大家都可謂「搵食艱難」。感謝有心人在網上製作了「凌晨食肆地圖」[2]，讓大家有得選擇，而我這間火鍋店

註 1：〈輪流轉〉，顧嘉煇作曲、黃霑作詞、鄭少秋主唱，一九八零年 TVB 電視劇《輪流傳》的主題曲。《輪流傳》在播放至第 15 集，因為收視不敵麗的電視於同時間播放的《大地恩情》，而被搬到星期六晚播放，其後在播放至第 22 集更被腰斬，這是

無綫首套被腰斬的電視劇集。

註2：「凌晨食肆地圖」由「本土研究社」（Liber Research Community）製作，於2025年5月7日公佈。

「研究員參考香港餐廳指南網站Openrice，透過Web Scrapper『網頁爬蟲』工具整合出營運至深宵的餐飲店清單，撇除大家熟知24小時經營的連鎖餐飲業店（如7–11便利店、麥當勞及食品販賣機等）外，Openrice上被記錄為『深夜營運』的共有約1,500間，佔現時香港共17,143間持牌食肆的不足1成，而被記錄的餐飲店主要經營至凌晨2時至清晨7時，再減去酒吧、咖啡店、甜品糖水舖及卡拉OK/麻雀會等等凌晨營業但並非用作『醫肚』的店鋪，尚有915間食肆。」

「在地圖發布後，不少街坊指出部分餐廳已沒有營業，或是其營業時間已與Openrice的資訊有很大落差，亦有不少深宵食堂的東主，向研究社反映其缺席於地圖之上，希望能加以補充。有鑑於此，研究員這月來落手更新相關資訊，與一眾助研朋友，針對地圖上餐廳進行地毯式逐間整理，在營業時間上以google map的資訊作為補充，方便大家能有更準確的時間作為參考。」

「凌晨食肆地圖」6月初的瀏覽數字已突破21萬，到6月下旬已突破67萬，「本土研究社」將會在市民的協助下適時更新。

好榮幸在地圖上，對生意很有幫助！

偉業：但這樣不是會增加成本嗎？一闊三大，真的可以？

福榮：可以！勉強可以啦！雖然成本高了，而且請人也不容易，但我堅持營業到凌晨兩點，有時候甚至三點，希望可以照顧更多有需要的香港人。

興發：相比之下，加拿大這邊的香港餐廳都很熱鬧，如果你來這裡開火鍋店，一定大受歡迎！

福榮：我近期有種新想法，你讓我再考慮一下。

大強：我不知道你仍要考慮什麼，但我有興趣知道你有什麼新想法？

福榮：我之前翻閱一本以打邊爐為主題的小說，書裡有一句，令我有認真思考了一段時間。

偉業：不會是「沒有什麼問題是一餐火鍋解決不了的，如果有，就兩餐」！

福榮：「生活是藝術，生存是戰術」。

興發：「生活是藝術，生存是戰術」？

大強：正所謂「你快樂過生活，我拼命去生存」。[3]

註3：〈高山低谷〉，林奕匡作曲、主唱、陳詠謙作詞。

福榮：我不斷轉型，午市開始賣車仔麵和一人火鍋，晚上還有鑊氣小炒，宵夜更可以打冷，重點是「共冶一爐」！

大強：你只差沒有賣兩餸飯……

偉業：為了守護這間火鍋店，你真的很拼命！

興發：但這樣你快樂嗎？

福榮：正如大強說的「香港核心價值」，「好嘅一餐，唔好嘅又一餐」，我們必須先想辦法「生存」，然後才可以好好「生活」。

偉業：究竟什麼是「生活」？什麼是「生存」？

大強：我打個譬喻：打邊爐是「生活」，兩餸飯就是「生存」。

興發：很多人卻會認為，到外地旅遊才算是「生活」，留在香港只是「生存」。

偉業：「我想行吓忘記咗呢個世界」。[4]

註 4：源自 2018 年一名婦人於後巷用手提電話時突然喊出的句子，過程被人錄影並上載互聯網，一度成為網民熱話。其後在抗疫期間，香港獨立說唱歌手 Luna Is A Bep 創作《我想行開下》（I want to go away down）一曲，借用相同句子表達港人在疫情期間留在香港，被迫在家工作或接受隔離的無力感。

福榮：「行開吓」，就真的可以「忘記咗呢個世界」？

偉業：雖然未必可以「忘記咗呢個世界」，但隨時會有新體驗！

興發：你這個周末「北上」，從台南上台北旅遊，有什麼「新體驗」？

偉業：我這個周末，和其他在台灣認識的香港人，一齊在台北看棒球比賽，果然是賞心樂事！

大強：我明白了！看棒球比賽的電視轉播是「生活」，在現場看棒球比賽的主角啦啦隊就是「生存」。

偉業：咳，嗯，我除了看棒球比賽……

大強、興發（一同打岔偉業）：的啦啦隊！

偉業：喂呀！我也看了一齣在茶餐廳演出的舞台劇。

福榮：邱萬城主演的《茶餐廳的親善大使》？

偉業：你也知道這個「餐飲劇場」的演出？

福榮：他之前在香港演出了幾場，我觀看了在永發茶餐廳的那一場。

偉業：這個周末，他們在台北演出兩場，這是他們在東京演出後，亞洲巡迴演出的第二站，在位於臨江夜市附近的「再聚 Reunion Place」舉行。

福榮：就是你現在抽水煙喝調酒的地方？

偉業：我下午看完演出，就留下來打邊爐，吃飽了，就 relax 一下。

大強：這個劇不是在晚上演出？而是在下午？

興發：舞台劇不一定在晚上演出，我知道將會有一個香港劇團到倫敦公演，劇名好搞笑，《熱鍋上的馬義》，演出就是由下午兩時開始。

偉業：我觀看的這個劇，是在茶餐廳的「下午茶時段」演出，導演笑說是來幫老闆 Teddy 交租。

大強：不只看演出，還有東西吃？這就是你之前提及的「餐飲劇場」？

偉業：這不只是一般的劇場演出，而是「食住玩，玩住食」的有趣餐飲體驗。

福榮：ABCD 餐，你選了哪個餐？

偉業：我選了 B 餐，港式餐蛋麵，剛剛煎好的午餐肉和太陽蛋，配久違了的出前一丁，餐飲我點了「細路仔鴛鴦」[5]，都是「回憶中的香港味道」啊！

註 5：「細路仔鴛鴦」，又叫做「小朋友鴛鴦」、「兒童鴛鴦」、「黑白鴛鴦」或「鬼佬鴛鴦」，是由阿華田和好立克混合而成，凍飲或熱飲皆宜；由於沒有咖啡因，適合小朋友飲用，是香港茶餐廳特有的飲品。

興發：在台灣竟然有阿華田[6]和好立克[7]？

偉業：「再聚 Reunion Place」是在台灣小數可以飲到阿華田和好立克的地方，保留和傳承香港味道，值得一讚！

福榮：A 餐、C 餐和 D 餐，又是什麼？

偉業：分別是沙爹牛肉麵、法蘭西多士和冰火菠蘿油，都是令人懷念的香港茶餐廳美食。

興發：我經常自己煮沙爹牛肉麵，我會選 D 餐冰火菠蘿油，配一杯紅豆冰。

大強：法蘭西多士和冰火菠蘿油，如果可以打孖一齊上，這樣就 Very Good！

註 6：阿華田（Ovaltine）是一款在香港很受歡迎的麥芽可可風味飲品，最初是由瑞士溫德公司（Wander AG）於 1904 年推出，名稱由拉丁文的 ovum（雞蛋）和英文的 malt（麥芽）組合而成。

註 7：好立克（Horlicks）是一種以麥芽做成的熱飲，源於十九世紀的英國，名稱取自創始者威廉霍利克（William Horlick）和詹姆斯霍利克（James Horlick）兄弟的姓。他們來自英格蘭西南的格洛斯特郡，在 1873 年於美國中西部芝加哥成立工廠。

福榮：除了ABCD餐，還有蛋撻等餐前小食？

偉業：小食三選一：咖哩魚蛋、避風塘雞翼或避風塘蘿蔔糕，我選了避風塘雞翼。

大強：避風塘雞翼？這是香港大牌檔的食物啊！

興發：在外地的茶餐廳，美食包羅萬有，幾乎是香港味道的總滙，為客人提供不同的選擇。加拿大某些茶餐廳，不只有點心和老婆餅，還有龍蝦和生蠔！

福榮：我觀看的那一場，餐前小食是著名的「姜濤餐」。

大強：什麼是「姜濤餐」？

福榮：姜濤曾經在「永發茶餐廳」拍電影《阿媽有咗第二個》，扮演茶餐廳侍應，他在拍攝期間，經常買小食劇組分享，包括：西多士、蛋撻、椒鹽炸燒賣、椒鹽炸魚蛋，所以衍生出「姜濤餐」。

偉業：ABCD餐，你選了哪個餐？

福榮：我選了A餐，「小池榮子雜會炒河」，配余均益辣椒醬。

興發：「小池榮子雜會炒河」？

福榮：小池榮子是日本女演員，她曾經在「永發茶餐廳」拍攝日劇《愛在香港》[8]，小池榮子飾演的井本真樹，在第二集獨自來到永發茶餐廳，點了一枝藍妹啤酒、以及一碟雜會炒河，品嚐獨特的香港味道！

興發：所以，「永發茶餐廳」的雜會炒河，就被冠名為「小池榮子雜會炒河」？

大強：那麼，其他 BCD 餐又是什麼名堂？「周潤發炒麵」[9]？「古天樂炒米粉」[10]？「劉青雲魚翅撈飯」[11]？

福榮：B餐是「古法陳皮鴨腿湯飯」，C餐是「乾炒牛肉意粉」，D餐就是「Show Me Your Love」。

偉業：粟米肉粒飯啊！據說現時是比「男人的浪漫」豆腐火腩飯更受歡迎的茶餐廳美食啊！

福榮：「周潤發炒麵」？「古天樂炒米」？「劉青雲魚翅撈飯」？這幾個菜名都好有趣，我考慮下次搞活動時借用，你不會介意吧！

大強：當然不介意！但你打算在火鍋店搞什麼活動？「暗黑盲吃大挑戰」？「自製沾醬大比拼」？「火鍋知識小問答」？「還是火鍋 BGM 對對碰」？

福榮：什麼是「火鍋 BGM 對對碰」？就像跳舞機，播放不同歌曲，參賽者要根據音樂節奏配合夾食？

大強：差不多了，不愧為「打邊爐教授」！但我建議你編制一個有代表性的「打邊爐 song list」。

註8：《愛在香港》（恋する香港），日本電視連續劇，全劇在香港取景，2017年9月下旬到香港拍攝，由小池榮子和吉澤亮主演，2017年10月於每日放送（Mainichi Broadcasting System，簡稱MBS）「Dramaism」時段播映，共4集。

註9：周潤發喜愛九龍城老店「添財記」，該店第三代負責人黃金偉接受訪問時表示，「發哥的口味好專一，通常都是一碗粥加一碟炒麵，多數是魚片牛肉粥，又或魚片艇仔粥，更必食炒麵，半小時就食完。」

註10：香港跳唱組合草蜢成員蔡一傑，於疫情期間開設了YouTube頻道《傑少煮意》，展現他鮮為人知的高超廚藝。四年間拍攝了過百條煮食教學片，累積超過二十萬位訂閱者。2025年書展，他推出《傑少煮意》實體書，其中「好友同聚」一章，他提及「古天樂炒米粉」，「以前同古天樂一齊拍戲，知道佢成日食星洲炒米，佢話因為熱食好食，凍咗都好食。同埋材料又多，營養亦都相對地多，所以佢好鍾意食。」

註11：劉青雲在《神探》飾演的陳桂彬，為了查案，點了「紅燒翅、蒸條斑、半隻炸子雞，加多碗白飯！」。

偉業：我觀看的這場《茶餐廳的親善大使》，在正式演出前，就不斷播放著一個「茶餐廳 Playlist」，可以作為你的參考！

大強：除了謝安琪的代表作〈我愛茶餐廳〉，這個「茶餐廳 Playlist」，還有什麼歌曲？

偉業：台灣樂團「告野家」的〈茶餐廳 2021〉、徐天佑獨唱的〈茶餐廳〉、以及作曲家李偉安以百老匯風格所編寫的〈茶餐廳〉（捌伍貳合唱組曲）。

興發：真的令人有點意想不到！

大強：你的「打邊爐 song list」，一定要更加過癮、抵死和啜核！

福榮：過癮、抵死和啜核！「生活是藝術，生存是戰術」！

偉業：還有一點值得你參考，「再聚 Reunion Place」不只是普遍的港式茶餐廳，更是一間多功能的「港式餐酒館」，今年開始轉型為「Co-Performance Place」，希望讓難以找到合適表演場地的台灣藝術家，在台北擁有多一個選擇。老闆 Teddy 來自香港，已紮根台灣多年，他希望藉此回饋台灣社會，一同開拓「香港味道」的更多可能性，《茶餐廳的親善大使》就是「再聚 Reunion Place」的第一場公開演出，往後將會有更多不同類型的藝術表演！

大強：正所謂「生活是藝術，生存是戰術」，這個利己利人的想法很好，我找機會為他宣傳一下！

興發：我忽然靈光一閃，如果比「Co-Performance Space」更多元化，更多娛樂元素，食住玩得更開心，玩住食得更過癮，將你的火鍋店變成大家都開心過癮的「Co-Entertainment Space」，你覺得如何？

福榮：這樣，即是由「打邊爐博物館」變成「打邊爐遊樂場」？

興發：我之前已經建議你將茶芥收費改為「入場費」！

大強：記得要為每位客人準備一張特別的「入場券」！

偉業：登登登登！各位觀眾！我想到一個比「榮福樓」更合適的店名：「共冶一爐」！請給我一點掌聲！……

※

最後，這一餐如常吃了超過三小時！直至偉業已有點醉意、興發和妻子出發去附近的社區當義工，以及大強開始烤乳豬……

他們在意猶未盡但愉快的氣氛中道別，就像昔日放學後在福榮位於福榮街的唐樓家中玩耍一樣……

※

即使「天下無不散之筵席」，
即使「好嘅一餐，唔好嘅又一餐」，
但既然「人生就是不斷的打邊爐」，
只要明白「生活是藝術，生存是戰術」的道理，
只要你是「香港人」，就可以傳承和昇華家鄉美食。
這都是屬於我們的、不斷演化中的、回憶中的香港味道。

【生活是藝術，生存是戰術。】／完

第八章

熱鍋上的馬義

序幕

火鍋店內，子彈橫飛！

一群黑幫黨羽結集在火鍋店外，向著店內瘋狂開槍。

槍林彈雨中，一個唏噓的男人，慢慢從黑暗中現身。

「我是馬義。我現在焦急得就像是熱鍋上的螞蟻！」

馬義一邊說話，一邊以慢動作避開一顆又一顆子彈。

「我上星期收到體驗報告，我竟然患上絕症！肺癌！只剩下一個月的時間……」

微弱的燈光下，依稀看見火鍋店內，左、中、右分別有三張像擋箭牌般被推倒了的圓木餐桌。

「所以，我決定自編、自導、自演這一套代號『襲擊火鍋店』的荒鬧劇，讓我可以死得轟轟烈烈！」

說罷，馬義做出了一個代表「轟轟烈烈」的手勢，火鍋店內立即變得燈光通明！

只見一身劫匪打扮、像電影《全職殺手》裡殺手「托爾」戴著美國總統面罩的路人甲，此刻正身中多槍，倒臥地上。

和路人甲同樣一身劫匪打扮的國強、性感啤酒妹打扮的 Baby G、身穿艷麗高領旗袍的莎拉、一身名貴三件式西裝的勞倫、以及腹大便便的小貓，五人以慢動作在馬義身後出現，分別搞笑地躲避子彈。

勞倫努力掩護小貓，一同往右邊的圓木餐桌躲避。

國強一手拉著 Baby G，一同往左邊的圓木餐桌躲藏。

馬義卻英勇地行近莎拉，以「公主抱」抱起花容失色的她，讓她避開勉強了致命的子彈，然後一同奔向中央的圓木餐桌。

「本來應該是天衣無縫的計劃，竟然變成了一場瘋狂失控的火鍋派對！」

突然，火鍋店內詭異地燈光閃動，店外響起更密集的槍聲。

國強、勞倫、小貓、莎拉、Baby G 和馬義，逐一中槍倒下。

槍聲驟然停止，火鍋店內，立即變成一片深不見底的黑暗。

布幕除除落下。《熱鍋上的馬義》的故事名，投射在布幕上。

台下響起一片熱烈掌聲。

台上輕輕飄過一隻蝴蝶。

蝴蝶徐徐飄落馬義臉上。

馬義隨即從噩夢中驚醒！

第一幕

在某劇團的排練室內，懸掛著一張馬義的遺照。

照片拍攝於火鍋店內，當時馬義吃著麻辣火鍋。

照片裡的馬義勉強微笑，有一種說不出的孤獨。

馬義放置好一部舊款的攝錄機，確定運作正常後，沉重地來到鏡頭前。

一身廉價黑色西裝的馬義，手上拿著司儀講稿，神色肅穆，語氣哀傷。

「尊敬的各位領導、各位親友、以及死者的家屬：

「今天，青山不語，流水嗚咽，蒼天含淚，淚水傾盆。

「我們懷著萬分悲痛的情緒，深切悼念『好人中的好人』——馬義。」

馬義開始七情上面，甚至手舞足蹈起來。

「馬義一生勤奮踏實，任勞任怨，盡忠職守，淡泊名利，拒絕升遷。

「馬義雖然英年早逝，卻是一位令人景仰、轟轟烈烈的真英雄！他的偉大貢獻，是將會被銘記的！他的精神和浩氣，是將會永垂不朽的……我們一起為馬義熱烈鼓掌！」

馬義獨個兒在鼓掌，氣氛變得既尷尬，又詭異。

「廢話！全部都是廢話！」

馬義行到攝錄機前，將攝錄機關掉。

「大學畢業後，我由一個充滿幹勁，以及無限可能性的年輕人，慢慢變成一個沒有夢想，也沒有明天的平庸上班族。一直以來，我像螞蟻一樣辛勤工作，即使多年來都只是一個職位和薪金低微的小職員，即使在假日必須無償加班，我都毫無怨言！因為我知道，這就是工作！

「工作，究竟什麼是工作？

「有人說，工作是等價交換！每個人都有一個價錢，包括你和我，都是用寶貴的時間、青春、甚至生命，去換取一個你認為值得的金額。所以，生不如死，行屍走肉的我們，賺到的不是薪金，也不是獎金，其實是帛金！

「又有人說，我們工作得這麼辛苦，是因為沒有找到『理想的工作』！這是一個好問題，請問什麼才是『理想的工作』？你以為是『你想幹的工作』？但現實往往是『你老闆想你幹的工作』！最理想的當然是『你想幹你老闆想你幹的工作』！但最後總會變成為『你老闆想你幹他想你幹的工作』！所謂『理想的工作』，其實都是『你不想幹的工作』！

「亦有人說，哪有工作不辛苦？不工作你會更辛苦！『工作』是為別人賣命，『事業』才是為自己打拚！所以，我們不應該『工作』，而是應該為自己而活，發展屬於自己的『事業』！

「上星期，當我收到體驗報告後，知道我的生命正在最後倒數中，我決定自編、自導、自演一場前無古人，後無來者，驚天地，泣鬼神的火鍋店械劫案，命名為『襲擊火鍋店』，我希望可以英雄救美，完成多年來的唯一心願，並且死得轟轟烈烈！」

馬義帥氣地做出了一個代表「轟轟烈烈」的手勢，攝錄機的腳架突然一鬆，攝錄機應聲墜落地上，發出令馬義心痛的沉重哀號……

第二幕

夕陽西下，「薩拉熱鍋」的招牌除除亮起。

夜色中，馬義站在「薩拉熱鍋」的對街，在熙來攘往的人潮裡，深情地凝望莎拉。

只見一名身穿高雅旗抱的女子，手上拿著村上春樹《挪威的森林》的舊版小說，優雅地站在火鍋店的落地玻璃旁畔。

為什麼馬義會選擇這家火鍋店，作為他人生的最後舞台？答案很簡單，正是因為她！

她就是莎拉，「薩拉熱鍋」的老闆。某個不用加班的晚上，馬義獨個兒看完電影，途經這裡時，突然狂風暴雨，所以到店內暫避一下，結果不能自拔地，推門踏進火鍋店。

莎拉對馬義燦爛一笑。

馬義對莎拉一見鍾情。

耳畔彷彿響起了動人的音樂旋律。

莎拉看見發呆的馬義，放下小說，親切地上前招待他。

「先生，幾多位？」

「一……一位。……」

空氣中飄散著一陣香味，是從莎拉身上散發出來的香味。

好香！這就是傳說中的「奪魄勾魂」——麻辣火鍋香水？

馬義忍不住一嗅，再嗅，立即被莎拉奪魄勾魂了……

「先生，這邊，請！」

當時店裡沒有其他客人，莎拉將馬義安置在正中央的四人圓桌。

馬義傻痴痴地入座，莎拉為他上兔女郎圍裙後，突然跟他耳語。

「『變態』？『恐怖』？還是『爆菊』？」

馬義大驚，摸了一摸屁股。

「『爆菊』！？」

「如果先生仍不滿足，可以嘗試終極的『骨灰』！」

「這裡…不是吃火鍋的嗎？」

「是火鍋，卻不只是火鍋！我們只賣麻辣火鍋，實際上卻又不是麻辣火鍋，『變態』、『恐怖』、『爆菊』、『骨灰』、以及只限有緣人才可以享用的『極樂』，正是『辣』的不同級數。」

「小辣…小小辣…」馬義有點尷尬。「可以嗎？」

「請問先生怎樣稱呼？」

「在下…姓馬。」

「馬先生是第一次光臨小店？」

「第一次…這是我的第一次……」

「那麼，我為馬先生特別調教一鍋『初戀辣』！」

莎拉突然對馬義燦爛一笑，然後優雅地返回廚房。

初戀？…馬義的初戀，竟然是一鍋麻辣火鍋？人生，果然充滿不同的可能性！

馬義有一個秘密，連他唯一的朋友國強也不知道的秘密——他怕血！非常怕血！不合常理地怕血！

他最嚴重的時候，連看見紅色的液體也會暈倒，所以，很多食物他也無福消受，包括麻辣火鍋！但經過多年來心理醫生的治療，這個問題對他的日常生活已沒有太大影響，只是他仍未能面對鮮血……

其後，馬義以他的方法明查暗訪，知道莎拉本來是這家火鍋店的侍應，但前老闆夫婦非常疼愛她，視她如親生女兒，退休返回老家後，將店鋪交由她打理。莎拉接手後，改了店名，也改了風格，現時只售一款獨門火鍋，就是據說改良自她祖傳的御膳秘方，跟「佛跳牆」齊名的特色火鍋——「鬼見愁」。

從那個晚上開始，莎拉的「鬼見愁」，就成為了馬義在電影以外的最大興趣，甚至是他的人生意義。

人生，究竟有什麼意義？

「我們不能選擇出生，但可以選擇死亡！」馬義發現好多外國人患上絕症後，都會選擇安樂死！這為他帶來巨大的思想衝擊！

過去，馬義最關心的是「怎樣生活」？又或是「怎樣生存」？然而，當他不再自怨自艾，接受「英年早逝」的命運後，他開始認真思考「為什麼而活」？

馬義只想到一個理由，唯一的一個理由——莎拉！

馬義只想跟莎拉一起，離開這個污煙瘴氣的城市！

只可惜，馬義一直沒有勇氣向莎拉示愛。

每個準時下班的晚上，馬義都會在「薩拉熱鍋」店外，遠遠偷看莎拉，直至她打烊關門。每個不用加班的周末，或是難得的假期，馬義都會低調地來幫襯，能夠跟莎拉閒談幾句，他就已經心滿意足。

故此，他決定以另一種方法向莎拉示愛——讓她的夢想成真。

回憶中的莎拉，從廚房推著餐車出來，將「鬼見愁」放在馬義面前。

「『變態辣．鬼見愁』，微弱版，請慢用。」

日子有功，馬義終於可以勉強越級挑戰「變態辣」了！

莎拉對馬義燦爛一笑，準備優雅地返回廚房時，馬義鼓起勇氣，叫停了她。

「莎拉小姐，請問…妳有什麼夢想？」

「夢想？…我只是一個平凡簡單的小女人，沒有什麼偉大的夢想……」

「那麼，如果妳今日遇見『火鍋之神』，祂給妳三個願望，妳會許什麼願呢？」

「嗯，第一個願望，我希望杜琪峯和村上春樹結婚！」

「結婚！？…」

「杜琪峯是我最喜歡的導演，村上春樹是我最喜歡的作家，聽說他們都好喜歡吃火鍋！」

「杜琪峯和村上春樹…兩個大男人結婚！？」

「不是真的結婚，我意思是由杜琪峯將村上春樹的小說搬上大銀幕，將《襲擊麵包店》改編成為《襲擊火鍋店》，完美！」

莎拉說得七情上面，馬義不禁舒一口氣。

「第二個願望呢？」

「嗯，我希望每位喜歡『鬼見愁』的朋友，包括你，馬先生，都可以身體健康，長命百歲！」

「謝謝妳…可惜要令妳失望了…」

「什麼？你說什麼？」

「咳…咳咳，第三個願望呢？」

「嗯，嗯…嗯！我一直在等一個人……」

「等一個人？」

「等一個可以帶我離開這裡的人。」

「離開這裡…？」

莎拉對馬義苦澀一笑，隨即返回廚房。

馬義獨自享用「變態辣・鬼見愁」時，突然流下眼淚——幸福的眼淚。

馬義抹掉眼淚，勉強擠出笑容，然後拿出手機自拍，拍下了他的遺照。

在有限的時間裡，馬義只有一個卑微的希望，希望讓莎拉夢想成真，讓她成為不再平凡的女主角！

故此，馬義透過「殺手APP」，聯絡了「殺手排行榜」第七位的「東郭先生」，馬義很喜歡他的自我介紹——「充滿愛心的獨行殺手」。

「以一敵百」，「槍法如神」，「觀察力超乎常人」……

客戶們對「東郭先生」的評價不是最高，卻是最特別、最有趣！

「有一種幸福，是可以死在您的手上！」

「感謝您！您讓我重新找到人生的希望！」

「今年生日，我竟然收到東郭先生的禮物！」然後是五個心形符號！

但最吸引馬義的還是這一段評語：

「東郭先生，美貌與智慧並重，英雄與俠義的化身！極品中的極品！」

然而，馬義當時仍未知道，「東郭先生」被譽為「極品中的極品」的真正原因，竟然是……

第三幕

「國強，我的計畫是這樣的：起，『劫匪』來『薩拉熱鍋』打劫；承，『劫匪』脅持莎拉小姐為人質；轉，我制服『劫匪』英雄救美；合，我讓莎拉小姐成為不再平凡的女主角，然後瀟瀟灑灑的離開！」

更衣室傳出國強親切友善的洪亮聲音。

「馬大哥，你的劇本，對於職餘來說，結構很好！非常好！」

國強，是馬義在電影院偶然認識的朋友，也是他唯一的朋友。

國強，是一個懷才不遇的年輕演員，馬義請求他在其自編、自導、自演的《襲擊火鍋店》中，飾演非常的角色——「劫匪」。

更衣室傳出國強刻意耍帥的洪亮聲音。

「工程師，只是我的『工作』！演員，才是我的『事業』！」

國強不像馬義這個三流大學的畢業生，他本來是著名大學工程學院的高材生，但他自少醉心演戲，夢想是成立屬於自己的話劇團，創作出流芳百世的經典劇目，為此中途輟學，浪跡天涯，累積不同的人生經驗。只可惜，即使他放棄了很多，卻一直壯志未酬，星途暗淡，就連付房租也有點困難。

更衣室傳出國強充滿自信的洪亮聲音。

「馬大哥，對於這個角色，我有最少十二種演繹方法，你想內斂之中帶點浮誇？抑或是凶殘暴戾之中帶點玩世不恭？」

「不用太複雜！簡簡單單已可以了。」

馬義將真相告訴了國強，請求他幫手完成最後的心願。國強罵了馬義半部電影的時間，然後在餘下半部電影的時間哭成淚人。出字幕時，他終於答應了。

更衣室傳出國強專業口吻的洪亮聲音。

「馬大哥，根據我多年來的劇場經驗，你的劇本結構雖然很好，細節上卻略嫌有所不足。」

這個晚上，馬義來到國強兼職的劇團的排練室，很認真地通宵研究脅持人質的重頭戲，但馬義幾乎被國強氣死。

更衣室傳出國強充滿玄機的洪亮聲音。

「馬大哥，運用你的想像力，想像這裡就是『薩拉熱鍋』！」

馬義閉上眼睛，燈光不斷閃動。

當馬義張開眼睛，排練室已轉換成火鍋店的場景。

「我看見火鍋店了！但是莎拉小姐呢？」

更衣室傳出國強玄之又玄的怪異聲音。

「馬大哥，繼續運用你的想像力，想像莎拉小姐就在你身旁！」

馬義再閉上眼睛，努力幻想他莎拉就在他的身旁。

就在此刻，國強一身周潤發在《英雄本色》的「Mark哥」造型，夾著一隻戴上「莎拉」紙面具的吹氣公仔，從更衣室出來，行到馬義身旁，將「莎拉」吹氣公仔放置在模擬是圓木餐桌旁的空椅上。

「馬大哥，你可以張開眼睛了！」

馬義張開眼睛，看見「莎拉」的吹氣公仔，嚇了一跳。

國強沒有理會馬義，伸展筋骨後，獨自進行開聲練習。

「Testing！One～Two～Three～哦哦～哦哦～哦哦哦～」

馬義假咳幾聲，打斷國強。

「國強，我已經時日無多了，我們爭取時間排練吧！」

「好！音樂！強勁的音樂！」

國強突然一邊哼起《英雄本色》電影主題曲旋律，一邊模仿《英雄本色》的經典一幕，Mark哥拿起道具美金，燃點香菸。

馬義不禁啼笑皆非。

國強努力地重演電影中「血洗楓林閣」的一幕，雙手豎起食指和姆指，想像雙手都拿著手槍，並想像有大批黑幫在店內。

國強大喝一聲，在想像中大開殺界，連環開槍，每一槍都殺死敵人，當子彈用光時，他就到附近想像中的花槽裡取出早已收藏好的手槍。

國強開始失控，馬義果斷喝止他。

「喂！莎拉小姐被你殺死了！」

「對不起，我太投入，殺得性起……」

「你是打劫火鍋店，脅持莎拉作為人質的『劫匪』，按照我的設定，你是一名鬱鬱不得志的『古惑仔』，不是獨行殺手啊！」

「無問題！我轉另一部電影！」

國強立即返回更衣室。

過了一會，國強一邊哼出《賭神》電影主題曲旋律，一邊以周潤發在《賭神》裡的「賭神」高進造型出場。

馬義被氣壞，哭笑不得。

國強從大衣拿出賭神的招牌黑色朱古力，對吹氣公仔說話。

「莎拉小姐，妳喜歡吃朱古力嗎？」

「她不喜歡吃甜，只喜歡吃辣！越辣越喜歡！」

國強突然像電影情節般摸了摸戒指，然後說出《賭神》混搭《花樣年華》的台詞。

「『我這裡有一張瑞士樂斯銀行本票，價值三千萬美金。』莎拉小姐，妳願意跟我走嗎？」

「你給我記住！你是脅持莎拉小姐作為人質的『古惑仔』，不是誘騙小女孩的變態『金魚佬』啊！」

「收到！我再轉換另一部發哥的電影！」

國強立即脫下大衣，見印有「茄喱啡」三個黑色大字的白Tee。

國強模仿《癲佬正傳》中秦沛飾演的精神病康復者阿全，拿起兩刀，瘋狂大叫。

「有殺冇賠！有殺冇賠！有殺冇賠！」

「你這個是《癲佬正傳》的秦沛啊！」

國強突然模仿秦沛在《五億探長雷洛傳》的語氣。

「你大我呀！？你大我呀！？你大我呀！？」

「夠了！你可以正正經經的演一個『古惑仔』嗎？」

「可以呀！當然可以啦！我直接演《古惑仔》就成了！」

國強隨即哼出《古惑仔》電影主題曲旋律，然後模仿鄭伊健在《古惑仔》裡的演出，說出陳浩南的台詞。

「『我陳浩南能夠混這麼久，全憑三樣東西：夠狠，義氣，兄弟多。』」國強突然望向一旁，模擬有大批飾演其他「古惑仔」的演員。「各位兄弟，一起為自己鼓掌吧！」

馬義掩眼不想再看下去。

「我忘了告訴你，莎拉小姐最喜歡的導演，是杜琪峯！」

「嗯，杜琪峯！好！非常好！」國強突然壓低聲線。「愛兄弟？還是愛黃金？」

「夠了！不如我們先討論劇本吧！」

「對！劇本劇本，一劇之本！我個人覺得，現時的劇本仍有很大的改進空間！『劫匪』這個角色固然未夠立體，高潮一幕也不夠壓迫感，而且……」

「而且什麼？」

「雖然我們是演戲，但我總不能脅持莎拉小姐，萬一有什麼誤會，或意外……」

「嗯，你有什麼好建議？」

「我建議加多一個『孕婦』角色，飾演被『劫匪』脅持的人質……』」

「嗯，為什麼一定是『孕婦』？『啤酒妹』或『西裝男』不可以嗎？』」

「不可以！完全不可以！只有『孕婦』才可以引起觀眾的惻隱之心！而且……』」

「而且什麼？」

「火鍋店內，突然出現一名『孕婦』，是否更矛盾？是否更衝突？馬大哥在更荒誕的危機中英雄救美，故事將會更精彩！」

馬義被氣壞，忍不住反駁國強。

「如果想更矛盾，更衝突，不如真的參考杜琪峯電影情節，突然殺出一大班黑社會吧！」

「Good Idea！」國強突然一臉誇張的興奮。「美國編劇理論大師埃格里告訴我們：『角色創造劇情』，但我擔心你需要好多好多好多臨時演員！你的保險賠償金，足夠應付嗎？」

馬義面有難色，卻突然靈機一觸。

「窮則變，變則通，我們可以使用電腦特效！」

「電腦特效？」

馬義模仿國強的口吻。

「運用你的想像力，想像這裡有好多好多好多臨時演員！」

國強立即閉上眼睛。

「想像力！無窮無盡的想像力！」國強睜開兩眼，比剛才更誇張的興奮表情。

「嘩！真的有好多好多好多臨時演員呀！」

馬義對幻想中的觀眾席的左邊揮手。

「左邊的英雄好漢，你們好嗎？」

國強對幻想中的觀眾席的右邊揮手。

「右邊的綠林豪傑，你們好呀？」

馬義對幻想中的後排觀眾揮手。

「山頂的風流俠客，你們好嗎？」

國強對幻想中的前排觀眾揮手。

「各位江湖道上的朋友，大家吃了晚飯嗎？」

國強向幻想中的觀眾鞠躬致謝後，突然跟馬義擁抱。

「豐富想像力所衍生出來的電腦特效，實在太了不起呀！我感受到澎湃的生命力！我整個身體都充滿了力量！我有信心可以演活『劫匪』這個角色！」

馬義假咳幾聲，順勢推開國強。

「國強，請冷靜！」

「馬大哥，我好冷靜！」

「如果你已經冷靜下來，請聽我講一句！」

「即使十句、一百句、一千句也沒有問題！」

「記得記得記得戴面罩！這是非常重要的啊！」

國強靈光一閃。

「面罩？」

國強興奮一笑。

「外國人可以嗎？」

「外星人都沒有問題！」

國強突然激動地跟馬義握手。

「馬大哥，謝謝您！」

「國強，應該是我謝謝你吧！」

「我終於有機會飾演有台詞的角色，不再只是『路人甲』了！」

「你還年輕，而且身體健康，來日方長，你一定有機會做主角的！」

「人生，是一個大舞台！為了演好這一幕『最後晚餐』，我們一起拼命呀！」

然而，馬義當時仍未知道，國強突然想起杜琪峯導演的電影《全職殺手》裡的經典一幕，如果他及時阻止國強，就不會在火鍋店引發起連串蝴蝶效應了……

第四幕

國強的行為藝術家性格，已經令馬義吃不消！

怎料，「東郭先生」果然是「極品中的極品」！

「東郭先生，您好！」

「西門小姐，妳好！」

馬義當然不可以告訴「東郭先生」，他打算買兇殺死自己，讓自己不用接受痛苦的治療，故此他隱藏身份，改名換姓為「西門小雪」。馬義當時自以為非常聰明，怎料……

「感謝妳選購了『十步殺一人，千里不留行』金裝殺人套餐！如果妳選擇分期付款，最多可以分為七七四十九期。使用指定信用卡更有機會賺取積分和回贈！」

「我選擇一筆過全數支付！現金！」

錢，不可以帶進棺材的啊！在電腦前的馬義輕嘆一聲。

「今次的客人『馬義』，請問跟西門小姐有何深仇大恨？」

「我和他的情況比較複雜！真是千言萬語也說不清楚啊！」

「了解！鄙人希望更了解他，特別是他的弱點，可以嗎？」

「當然可以！」

「請問他從事什麼職業？」

「他是一個普通到不能再普通的上班族。」

「西門小姐打算送他一程，他肯定是一個壞人！」

「不！他是一個好人！更是好人中的好人！」

「既然他是一個好人，為什麼要送他一程？」

「因為他……」馬義人急智生。「該死！」

「他虧空公款？盜取公司機密？出賣客戶資料？」

「不！他絕對奉公守法！」

馬義輕嘆一聲，他看見綠燈才會過馬路的啊！

「他吸毒？」

「不！他連香菸也不抽！」

馬義輕嘆一聲，他竟然患上肺癌這個不治之症！

「他好賭？」

「不！他連打麻將和鋤大D也不懂！」

馬義輕嘆一聲，他因此在公司裡一個朋友也沒有！

「他好色？」

「不！他⋯他仍是一個處男⋯⋯」

「那麼，他一定是個變態！他有什麼不良嗜好？」

「不！他絕對不是變態！他完全沒有不良嗜好！他還會定期去捐血、做義工、甚至助養了幾個在地震災區的孤兒⋯⋯」

「西門小姐，妳真的肯定，這個馬義該死？」

「他該死！他當然該死！⋯在這個黑白顛倒、好人沒有好報的荒謬世代，像馬義這樣的好人，好應該早登極樂！脫離俗世的痛苦！」

「鄙人明白了，妳不是報仇，反而是報恩！」

「對！我不是報仇，反而是報恩！」

「既然西門小姐是報恩，鄙人會盡力讓這個馬義平平安安的上路⋯⋯」

「不！他一定要死得轟轟烈烈！轟烈得可以上報紙頭版！新聞重點報導！」

「有趣！非常有趣！鄙人有幾個『轟轟烈烈』的方案，可以建議給西門小姐⋯⋯」

最後，馬義和「東郭先生」討論出一個非常完美的計劃！「東郭先生」建議由他假裝「劫匪」的同伴，在馬義挺身而出將「劫匪」制服後，馬義押送「劫匪」前往警署，「東郭先生」在路上將「劫匪」救走，然後當場讓馬義死得轟轟烈烈！

至於如何「轟轟烈烈」，「東郭先生」卻沒有正面回答馬義，只說先賣個關子。

然而，馬義當時仍未知道，「東郭先生」竟然並非只是「賣個關子」那麼簡單……

第五幕

馬義的計畫本來非常完美！他和國強經過多次商討後，決定採用「英雄旅程」的三幕結構。

第一幕【啟程】，馬義從「平凡的世界」來到「薩拉熱鍋」，接受「冒險的召喚」（登樂辣・鬼見愁），然後「跨越第一道門檻」。

第二幕【啟蒙】，馬義面對「試煉」，先後遇上「盟友」和「敵人」，國強飾演的「劫匪」闖入「薩拉熱鍋」，脅持莎拉為人質。

第三幕【歸返】，馬義「英雄救美」，在莎拉心目中永遠留下完美的形象，然後在「外來的救援」（東郭先生）下，「跨越歸返的門檻」。

怎料，當馬義到達「薩拉熱鍋」時，就遇上了意想不到的狀況！

店內除了莎拉，竟然還有另外一個人——一個非常麻煩的女人！

「老闆！」

一名性感打扮的啤酒妹，有點色情的叫喚馬義。

「薩拉熱鍋」一向顧客稀疏，馬義即使將這裡作為他人生的最後舞台，也不擔心會影響其他人，怎料今晚卻多了一名素未謀面的啤酒妹？

馬義為了這個啤酒妹而煩惱時，完全察覺不到莎拉的異樣。

就在馬義推門的一刻，手上拿著小說的莎拉，本來滿心期待的望向門口方向，然而，當她看見是馬義時，神情竟閃過了一絲失望，然後卻換上了一臉錯愕。

「馬先生，您今晚怎會來的？」

馬義作賊心虛，不敢正視莎拉。

「我出差提早回來了，突然好想念莎拉小姐的『鬼見愁』……」

莎拉這夜繼續閱讀村上春樹的《挪威的森林》，她放下已有點殘舊的小說，然後對馬義禮貌一笑，笑意中卻有點忐忑不安。

「馬先生，這邊，請！」

在莎拉的安排下，馬義緊張地入座。

「今晚繼續是『變態辣・鬼見愁』，微弱版？」莎拉親切一笑。

「不！」馬義一臉自信和豪氣。「在這個特別的晚上，我要挑戰『極樂辣』！」

「『極樂辣』？你肯定是『極樂辣』？」莎拉難以置信。

「『極樂辣』！我肯定是『極樂辣』！」馬義神情堅定。

莎拉不禁對馬義刮目相看，立即拿出肌肉猛男圍裙，溫柔地為馬義繫上。

「對不起，『極樂辣・鬼見愁』需要準備特別的藥材，必須在一星期前預訂。」

莎拉看見馬義一臉失落，對他燦爛一笑。「『骨灰辣・鬼見愁』，可以嗎？」

「可以…」馬義不懂如何拒絕。

「謝謝，我立即去準備『骨灰辣・鬼見愁』，敬請耐心等待。」莎拉轉身對啤酒妹說：「Baby G，妳給我好好招待馬先生！他是我們的熟客和貴賓！」

「莎拉姐，我一定會好好招待馬老闆的喲！」

莎拉再對馬義燦爛一笑，然後返回廚房準備。

「馬老闆，一位嗎？」Baby G 嬌嗲得令人毛骨悚然。

「一位。」

馬義無視 Baby G，繼續凝望著莎拉的背影。

Baby G 輕倚上前，剛巧阻擋了馬義的視線。

「Baby 先為馬老闆開一箱啤酒，好嗎？」

「不用了！我只有一個人！」

「馬老闆不想一個人喝悶酒？可以叫多幾位朋友來喲！今晚本公司特別酬賓，設有超級無敵大優惠，大獎是美國頭等機票連酒店總統套房二人同行喲！」

「不好意思，我今晚心情不好，妳招呼其他客人吧！」

Baby G 一臉無辜，目光掃視空蕩蕩的火鍋店。

「其他客人？」

「不好意思，妳招呼自己吧！我想安靜一下，不需要啤酒妹……」

「No！No！No！Baby 不是啤酒妹！」

Baby G 突然風騷地打岔馬義的話。

「在這個寂寞的晚上，Baby 是馬老闆的『啤酒女神』——Baby G！」

Baby G 繼續在馬義面前騷首弄姿。

「B for Beer？No！No！No！B for Baby！Baby！Baby G！」

馬義打冷顫時，突然想起國強。

這個 Baby G 和國強，簡直就是天造地設的一對——奇葩！

然而，馬義當時仍未知道，當國強遇上 Baby G，他倆又豈止是「奇葩」那麼簡單……

第六幕

Baby G 將一個放滿冰塊的啤酒桶放在馬義身旁，桶內共有六樽啤酒，她隨手拿起兩樽啤酒，然後熟練地開樽，將其中一支放在馬義面前，殷勤地為他添酒，然後為自己準備了一杯。

「馬老闆，Baby 先飲為敬喲！」

Baby G 沒理會馬義，突然舉杯，一飲而盡。

馬義啼笑皆非時，Baby G 再為自己添酒。

「馬老闆，我們一起玩遊戲，好嗎？」

「不好意思，我今晚沒有心情玩遊戲！」

「『傻瓜拳』！好好玩的喲！」

「我不是傻瓜！為什麼要玩『傻瓜拳』？」

「馬老闆，如果您陪 Baby 玩遊戲，Baby 可以告訴您有關莎拉姐的秘密喲！」

「莎拉小姐的秘密？……」馬義為之心動，卻隨即覺得奇怪。「等等，妳怎會知道莎拉小姐的秘密？」

「因為 Baby G 擁有特異功能，可以看穿別人的內心！」

「既然妳有特異功能，為什麼仍要當啤酒妹？」

「Baby 不是啤酒妹喲！Baby 是『啤酒女神』！」

「對對對！妳不是啤酒妹！妳是『啤酒女神』！」

Baby G 突然充滿誘惑地靠近馬義，馬義本能地避開。

「馬老闆，Baby 也知道你的秘密喲！」

馬義心虛地望向 Baby G。

「你！有！病！」

「我沒有病！」馬義更心虛。

「你不只有病！而且患上了重病！」

「我沒有重病！」馬義大驚，呼吸急速。「咳⋯咳咳⋯⋯」

「這不是一般的重病喲！而是無可救藥的絕症——」

Baby G 面露詭異笑容，跟馬義幾乎是臉貼臉。

馬義不敢面對，閉上雙眼，更用雙手掩著雙耳。

「單！思！病！」

「單思病？！」

馬義錯愕地睜開兩眼，卻看見 Baby G 近在咫尺，更驚！

「您！喜！歡！莎！拉！姐！喲！」

Baby G 跟馬義耳語時，感覺到她的呵氣如蘭，不禁尷尬起來，臉也紅了。

「誰說我喜歡她？⋯⋯我只是喜歡她⋯」馬義連忙笨拙地否認。「她的火鍋⋯⋯」

「你到底是否男人？有膽量和本女神玩一回？」Baby G 突然換上豪邁的語氣。

「男人大丈夫，怕妳不成？怎樣玩法？」

馬義輕易中了激將法，Baby G 隨即變回嬌嗲語氣。

「我們一邊猜拳，一邊問『誰是傻瓜？』如果平手，就一起指向空氣回答『他傻瓜』。如果分出勝負，勝方回答『你傻瓜』，負方回答『我傻瓜』，誰答錯了就是『傻瓜』，『傻瓜』就要講出心底話喲！清楚？明白？」

「清楚！明白！」

「第一回合，開始喲！」

「誰是傻瓜？」

馬義和 Baby G 異口同聲，然後同時出「布」。

「他傻瓜！」

馬義和 Baby G 分別指向火鍋店內的不同位置。

「誰是傻瓜？」

馬義和 Baby G 異口同聲，然後同時出「剪刀」。

「他們傻瓜！」

Baby G 和馬義心有靈犀似的，同時指著落地玻璃的方向。

「誰是傻瓜？」

馬義和 Baby G 異口同聲，然後馬義出「剪刀」，Baby G 卻出「石頭」。

「他們傻瓜！」馬義繼續指向落地玻璃的位置。

「你傻瓜！」Baby G 伸出雪白修長的食指，指向馬義的鼻尖。

Baby G 的指尖，不經意地觸碰了馬義的鼻尖，馬義忍不住輕呼一聲。

「哎呀！」

「馬老闆，您是『傻瓜』喲！」

馬義願賭服輸，舉起酒杯，一飲而盡，也正好借機會掩飾醜態。

「馬老闆，您是否喜歡莎拉姐喲？」

「首先，我們需要定義什麼是『喜歡』……」馬義幾乎噴出嘴巴裡的啤酒。

「您每次看見莎拉姐，有沒有什麼心理上和生理上的反應？」

馬義的臉變得更紅。

「Baby 很喜歡馬老闆這個表情！我們繼續玩喲！」

「我可以拒絕嗎？」

「馬老闆不想知道莎拉姐的秘密嗎？」

Baby G 為馬義添酒。

「好吧！」馬義猶疑片刻，終於就範。

「第二回合，開始喲！」

「誰是傻瓜？」

馬義和 Baby G 異口同聲，然後馬義出「石頭」，Baby G 卻出「布」。

「你傻瓜！」Baby G 伸出雪白修長的食指，指向馬義的臉。

「我傻瓜！」馬義避開 Baby G 的手指，豎起姆指指著自己。

「誰是傻瓜？」

馬義和 Baby G 異口同聲，然後馬義出「布」，Baby G 出「剪刀」。

「你傻瓜！」Baby G 伸出雪白修長的左右食指，指向馬義的臉。

「我傻瓜！」馬義避開 Baby G 的手指，豎起左右姆指指著自己。

「誰是傻瓜？」

馬義和 Baby G 異口同聲，然後同時出「剪刀」。

「他們傻瓜！」Baby G 指向廚房位置。

「我傻瓜！」馬義卻繼續指著自己。

「馬老闆，您果然是傻瓜喲！」

馬義雖然不服氣，卻只好認輸乾杯。

Baby G 為馬義添酒時，繼續追問剛才的問題。

「馬老闆，Baby 再問一次，您是否喜歡莎拉姐喲？」

「不！我不『喜歡』莎拉小姐！」馬義斬釘截鐵地回答。

「男人大丈夫，你有種喜歡莎拉姐，卻沒有勇氣承認？」Baby G 突然又換上豪邁的語氣，扯起馬義的衣領。

「有意思！Baby 敬你一杯！」Baby G 放開馬義的衣領，語氣卻仍然豪邁。

Baby G 豪氣地乾杯，然後再為自己添酒。

「因為…」馬義不知從何而來的勇氣。「我『愛』她！」

「妳知道『喜歡』和『愛』的分別嗎？」馬義苦笑，輕嘆一聲。

「人家只是賣啤酒的喲！怎會知道呢？」Baby G 突然變回嬌嗲語氣。

「『喜歡』，只是單方面想著對方。『愛』，卻會為對方著想。」馬義有感而發。

「馬老闆果然是『好人中的好人』喲！」Baby G 彷彿有點弦外之音。

「『喜歡』，只是滿足自己的慾望。『愛』，卻會為對方付出一切。」

「有意思！Baby 再敬你一杯！」Baby G 又再換上豪邁語氣。

Baby G 豪氣地乾杯，馬義已開始見怪不怪，跟她一起乾杯。

就在這刻，莎拉從廚房推著餐車出來，馬義立即緊張起來。

莎拉來到馬義身旁，細心地為他奉上熱氣騰騰的銅爐火鍋。

「『骨灰級・鬼見愁』，請慢用！」

說罷，莎拉有點心不在焉似的，推著餐車回廚房。

馬義傻痴痴的看著莎拉，Baby G 卻突然搖頭嘆息。

「馬老闆，Baby G 勸您，還是放棄好了！」

「放棄什麼？放棄挑戰『骨灰級・鬼見愁』？」馬義仍是傻痴痴的表情。

「放棄莎拉姐喲！」Baby G 行近馬義。

「我為什麼要放棄莎拉小姐？今晚我正是為了她而來的！」

Baby G 再靠近馬義，跟他耳語。

「馬老闆，Baby 告訴您莎拉姐的秘密：她！已！經！有！未！婚！夫！喲！」

「未婚夫！？莎拉小姐已經有未婚夫！？」馬義大驚。

「我剛才偷聽了莎拉姐和她未婚夫講電話，他倆今晚相約在『薩拉熱鍋』見面，一起吃『最後晚餐』喲！」

「『最後晚餐』！？」馬義震驚。

Baby G 閃電般伸出玉掌，掩著馬義的嘴巴，避免他大叫驚動了莎拉。

「婚姻是戀愛的墳墓，Baby 懷疑莎拉姐的未婚夫今晚準備向她求婚喲！」

「求…婚…！…？」

「轟——隆——」

晴天霹靂的一刻，馬義驚訝他是一個無可救藥的傻瓜！傻瓜中的大傻瓜！

然而，馬義當時仍未知道，在 Baby G 面前不斷出醜的他，豈止是一個「傻瓜中的大傻瓜」？他絕對是一個比他想像中更傻瓜十倍、百倍、千倍、甚至萬倍的「骨灰級・大傻瓜」……

第七幕

馬義晴天霹靂時，《襲擊火鍋店》的劇情急轉直下！

一名腹大便便的年輕女子，突然推門闖入「薩拉熱鍋」。

馬義想起國強建議增加一個「孕婦」角色，立即回復理智。

「我要上廁所！」年輕女子突然大叫一聲。

Baby G 輕輕皺眉，馬義和年輕女子尷尬對望。

「廁所在哪兒？」年輕女子繼續大叫大嚷。

馬義立即和 Baby G 拉開距離，然後指向廚房旁邊的廁所位置。

「你們可以繼續了！」

年輕女子有點行動不便的行向廁所，當她推開廁所門的時候，突然回望馬義和 Baby G。

「真的不用理會我！」

馬義和 Baby G 尷尬對望，本能地再拉開距離。

小貓惡作劇似的一笑後，慢慢跨步行入廁所。

「馬老闆，再開多一樽啤酒喲……」

「好啊！我需要借酒消愁……不！我需要冷靜一下！」

Baby G 為馬義開了另一樽啤酒，準備為馬義添酒時，馬義竟然一手搶過酒樽，舉樽自飲。

馬義開始大吃大喝，Baby G 退後一步，沒有再騷擾他，卻有點在意那名突然出現的年輕女子，不斷窺看廁所的方向。

就在這時，拿著手機的莎拉，從廚房探頭一看店內情況，Baby G 向她做了一個「OK」的手勢，莎拉安心地返回廚房繼續講電話。

過了一會，年輕女子從廁所出來，Baby G 本想招呼她入座，她卻無視 Baby G，像大爺般坐在馬義身旁。

「服務員！」年輕女子大聲呼喝 Baby G。

Baby G 刻意不理會她。

「服！務！員！」年輕女子更大聲的呼喝 Baby G。

Baby G 依然刻意不理會她。

「她好像在叫喚妳啊！」馬義溫馨提示 Baby G。

「No！No！No！我不是服務員！」Baby G 很認真的回應。

「啤酒妹！」年輕女子換上另一名詞的呼喝 Baby G。

Baby G 繼續刻意不理會她。

「啤！酒！妹！」年輕女子更大聲的呼喝 Baby G。

Baby G 繼續讓年輕女子知道她刻意不理會她。

「她不是『啤酒妹』，她是『啤酒女神』！」馬義細聲提點年輕女子。

年輕女子聽到「女神」一詞，突然失控似的哈哈大笑。

「女神？妳是女神？」

「我不可以是女神嗎？」Baby G 目光一寒。

「可以！當然可以！我們都可以選擇自己喜歡的生活！只是……」年輕女子欲言又止。

「只是什麼？」Baby G 緊盯著年輕女子。

「哈哈哈…嘻嘻嘻…呵呵呵…喵喵喵……」年輕女子突然更失控的大叫大笑。

馬義不禁心想，國強究竟從哪裡找來這位臨時演員？演技竟然比他更難以捉摸啊！

「小妹妹，妳是否忘記吃藥喲？」Baby G 冷冷的說。

「不！我只是覺得妳做『女神』太辛苦了！」年輕女子冷笑一聲。「我寧願選擇做一隻『女妖』！」

「『女妖』？！」馬義以為自己聽錯。

「不是像狐狸精、蜘蛛精、白骨精的一般『女妖』，我會選擇做最高貴又可愛的『貓妖』！」年輕女子一臉傲嬌。

「為什麼『貓妖』會是最高貴又可愛的『女妖』？」馬義想了解這個有趣的臨時演員多一點。

「我的乳名是『小貓』，『貓妖』就是最高貴又可愛的『女妖』！」小貓說得理所當然似的。

「妳的父母都很喜歡貓？」馬義繼續好奇地追問。

「我老頭子最討厭貓！他一直希望有兒子送終，卻得到我這個女兒，就破口大罵被『狸貓換太子』！我就是換走了他的寶貝兒子的可惡『小貓』！哈哈哈…嘻嘻嘻…呵呵呵…喵喵喵……」

小貓再次失控的大叫大笑，笑聲中有種說不出的哀怨。

「做女人難，做一個堅持自我的女人更難！」Baby G 突然感觸起來。

「女神姐姐，可以給我一支最冰凍的啤酒嗎？」小貓突然乖巧地問 Baby G。

「女妖妹妹，請問妳今年貴庚喲？」Baby G 皺起左眉。

「年齡是女人的秘密！更何況我是女妖？」小貓摸了一摸鼓起的肚皮。「但我可以告訴你們，我的 Baby 已經九個月了，隨時可以出生了！」

「妳這樣對胎兒不好的喲！」Baby G 皺起右眉。

「有什麼不好！一屍兩命最好！」小貓哀莫大於心死似的。

「為了 Baby，妳好應該堅強的活下去喲！」Baby G 語氣誠懇。

「從小開始，大人都會告訴妳：女人的終生事業是『相夫教子』，妳要學習做一個好妻子、好媽媽……為什麼我們一定要為別人而活？為什麼女人不可以擁有屬於自己的事業和夢想嗎？」小貓苦笑反問。

「妳當然可以擁有屬於自己的事業和夢想！但妳也要為 Baby 負責任喲！」Baby G 苦口婆心。

「我就是為了對 Baby 負責任，所以，我選擇——」小貓突然露出陰森表情。「一齊轉生到異世界！」

「沒什麼問題是一餐火鍋解決不了，」Baby G 繼續語重心祥。「有的就兩餐火鍋喲！」

「我老頭子拋棄了我老媽，只因為我不是男的！我從小雖然生活無憂，卻希望擁有一個幸福的完整家庭，跟網上認識的帥哥離家出走後，發現對方是個騙財騙色的壞蛋！就算我再吃十餐火鍋，我的 Baby 仍然會輸在起跑線上！」小貓不禁悲從中來。

「不要太早放棄喲！即使很多人『贏在起跑線』，最後也是『輸在終點前』喲！」Baby G 繼續為小貓打氣，並向馬義打了一個眼色。

馬義聽著小貓和 Baby G 的對話，非常欣賞她的即興演出，在心裡鼓掌叫好。

「我的 Baby 沒有爸爸！我又不是一個好媽媽！我的 Baby 一出生就注定了是個失敗者！一出生就會被別人歧視！包括你們兩個失敗者中的失敗者！」

「我肯定不是失敗者！至於馬老闆，只是未成功而已！」Baby G 拍了馬義的肩膊一下。「馬老闆，你也講兩句喲！」

「小妹妹，我作為過來人，有責任告訴妳，既然妳有勇氣選擇死亡，妳就應該……」

Baby G 打岔了馬義，順勢說下去。

「妳就應該有勇氣選擇繼續生存！」

「錯！既然妳有勇氣選擇死亡，妳就應該死得——」馬義突然七情上面，做出他自創的代表「**轟轟烈烈**」的手勢。「**轟！轟！烈！烈！**」

Baby G 錯愕地望著馬義。

「怎樣才可以死得…」小貓模仿馬義的七情上面，照樣做出「轟轟烈烈」的手勢。「轟！轟！烈！烈！？」

「魯迅曾經說過：『人固有一死，或重於泰山，或輕於鴻毛，用之所趨異也。』」馬義突然引經據典。

「魯迅沒有說過！這是出自司馬遷的《史記》喲！」Baby G 嘗試更正馬義。

「很多人以為自己仍活著，其實他們早已死去！很多人雖然早已死去，但他們其實仍活著！」馬義沒有理會 Baby G，再引用從網上發現的名人諺語。

「拜託！」小貓雙手合什。「你可以跟我講人話嗎？」

「只要妳死得…」馬義繼續七情上面，配合「轟轟烈烈」的手勢。「轟！轟！烈！烈！大家就會永遠記得妳！特別是妳喜歡的人！」

「如果，我再沒有喜歡的人呢？」小貓幽幽的問。

「這樣的話，」馬義突然模仿動漫《北斗之拳》裡的拳四郎，伸出右手食指，指向小貓。「妳已經死了！」

「哈哈哈…嘻嘻嘻…呵呵呵…喵喵喵……」

小貓錯愕了半秒，隨即再次失控的大叫大笑，笑聲中有種自暴自棄的悲涼。

「妳也辛苦了！我請妳喝酒！」

Baby G 緊張地出手阻止馬義。

「她未成年，絕對不可以喝酒！只可以喝果汁，或是檸檬茶！」

「我要喝酒！我要喝酒！我要喝酒！」小貓誇張地向馬義撒嬌。

「馬老闆，如果你答應不讓她喝酒，Baby 再告訴你一個莎拉姐的秘密喲！」

為了莎拉的秘密，馬義立即態度逆轉。

「妳不准喝酒！妳今晚不准喝酒！妳今晚絕對不准喝酒！」

小貓肚起兩腮，一臉不爽的表情。

「果汁？檸檬茶？」Baby G

「給我一支最冰凍的檸檬茶！」

「常溫好了！」

「待她下班後，我們一起再喝個痛快！」馬義細聲跟小貓說。

「痛痛快快！轟轟烈烈！」

小貓模仿馬義，做出「轟轟烈烈」的手勢，二人對望一笑。

「請不要隨便在別人背後說話！Baby 很晚才下班的喲！」

小貓跟馬義一起尷尬大笑時，突然發出肚餓的聲音，她的表情更尷尬。

馬義對小貓親切一笑，伸手示意，邀請她一起吃火鍋。

小貓非常感激，立即拿起碗筷，從鍋中夾起一片內臟，立即放入口中。

「小心！很辣的！」

小貓因為太辣而狂咳。

Baby G 立即為小貓奉上檸檬茶。

小貓飲了一口檸檬茶，舒緩了一點，再咳幾聲，回復正常。

「爽！」

小貓從鍋裡夾起一片麻辣臭豆腐，小心奕奕地放入口中。

「爽！辣得夠爽！」小貓問馬義。「這個是什麼名堂？」

「這個是『薩拉熱鍋』的鎮店之寶，莎拉小姐按照祖傳秘方改良的『鬼見愁』，與『佛跳牆』齊名的御膳火鍋，傳說中連乾隆皇帝都讚不絕口的十全火鍋！」

馬義從鍋裡先後夾起一隻鵪鶉蛋，以及一片魷魚鬚，放在小貓的碗中。

「『鬼見愁』？好名字！我趁那些壞蛋空巢而出時逃走，輾轉來到這裡，希望好好吃一頓『最後晚餐』，感謝上天，吃完這個『鬼見愁』，落到陰曹地府，所有衰鬼惡鬼醜死鬼見到我們兩母子都要發愁啊！」小貓繼續起勁的吃。

馬義再從鍋裡夾起一片豬紅和一條鵝腸，放在小貓的碗中。

Baby G 為小貓奉上另一杯檸檬茶時，馬義把握機會問她。

「妳快告訴我，莎拉小姐還有什麼秘密？」

「『鬼見愁』根本不是什麼御膳火鍋喲！」Baby G 詭異一笑。

馬義和小貓放下碗筷，引頸以待。

「這是莎拉姐苦心研發的生化武器喲！」Baby G 的笑容更詭異。

「什麼！？」

「『鬼見愁』劇毒無比，足以令人牽腸掛肚、椎心刺骨，包含了莎拉姐對她未婚夫的愛與恨……」

Baby G 一臉陰森恐怖。

馬義忍不住雙手掩耳。

在這一刻，馬義驚訝他一直暗戀的莎拉，竟然是這麼既熟悉又陌生！

然而，馬義當時仍未知道，莎拉的「鬼見愁」背後，其實埋藏了一個迴腸盪氣、可歌可泣的愛情故事……

第八幕

當馬義和小貓大吃一驚時，《襲擊火鍋店》的劇情再次峰迴路轉了！

一個身穿名貴三件式西裝的英俊男子，突然神色慌張地，推門闖入「薩拉熱鍋」。

「莎拉！莎拉！我回來了！」西裝男親切地叫喊剪拉。

「他就是勞倫！」Baby G 閃電出手，拉開馬義的右手，跟他耳語。「莎拉姐的未婚夫喲！」

莎拉聞聲立即從廚房出來，只見她雙手吃力地拉著一個沉重的行李箱。

莎拉看見勞倫，立即放下行李箱，撲上前跟他激情擁吻，勞倫欲拒還接。

Baby G 再閃電出手，掩著小貓的兩眼，小貓卻輕輕推開了 Baby G 的玉手。

「激情擁吻而已，有什麼大不了呢？」小貓嘗試安慰馬義，卻明顯說錯話。

「幻覺！一切都是幻覺！我一點也不害怕！」馬義故作鎮靜，卻明顯口是心非。

馬義看著莎拉和勞倫恩愛，不禁再次情緒低落。

小貓知道說錯了話，立即用另一方法安慰馬義。

「最少老闆娘還沒有被他弄大肚子，你仍有機會的！」

馬義被小貓的話刺痛了，受到更大的刺激，舉起啤酒樽忘情痛飲。

小貓知道說了更錯的話，立即望向 Baby G 求助，Baby G 卻假裝看不見。

勞倫輕輕將莎拉推開，一手接過行李箱，卻偷看了馬義、Baby G 和小貓一眼。

「他們⋯是什麼人？」勞倫壓低聲線，不安的問莎拉。

「馬先生是熟客，小姑娘是來借廁所的，Baby G 就是啤酒公司派來的推廣員。」

莎拉溫柔地回答。

勞倫一手拿著行李箱，另一手抱著莎拉的纖腰，走到火鍋店的僻靜角落。

「東西都已放在行李箱內？」勞倫壓低聲線的問。

「你需要檢查一下嗎？」莎拉點頭後，以正常的聲音回答。

勞倫再次不安地偷看了馬義、Baby G 和小貓一眼。

「這麼多人，不太方便！」

「待我們吃完火鍋，打烊後，你可以慢慢點算清楚。」

「不！我趕時間，先走了！再見！」

「我準備了你最喜歡的『骨灰辣・鬼見愁』呀！」

「但我真的趕時間……」

「你答應了和我一起吃『最後晚餐』，你到最後仍要欺騙我嗎？」

「好吧！我也很久沒有品嚐妳的『鬼見愁』了！」

「不是我的『鬼見愁』！是我們的『鬼見愁』！」

「對！這是屬於我們的『鬼見愁』……」

「你知道你有多久沒有回來嗎？我已為你特別改良了『骨灰辣・鬼見愁』！

味道跟你上次吃的完全不同！」

莎拉讓勞倫靠近廚房的空檯坐下來。

勞倫的右手一直緊握著行李箱的手柄。

「稍等一會，我立即去準備我們的『最後晚餐』。」

勞倫看了看手錶，臉有難色。

「三十分鐘。我只可以給妳三十分鐘……」

莎拉沒有說話，卻輕吻勞倫額頭，然後向馬義、Baby G 和小貓抱歉一笑，有點幽怨的返回廚房。

勞倫待莎拉入了廚房，立即從懷內拿出手機，偷偷致電某人。

Baby G 靜悄悄地靠近勞倫，從旁偷聽。

勞倫焦急地等了一會，電話終於接通。

「是我！」電話另一端的某人向勞倫怒吼，勞倫立即將手機拉遠一點，待對方罵完才放回耳邊。「東西已拿到手，但出了一點狀況…」對方繼續痛罵勞倫，他立即將手機拉得更遠，待對方罵完才放回耳邊。「請妳給我多三十分鐘…」。對方再次痛罵勞倫，他立即將手機拉開一段更遠的距離，待對方罵完才放回耳邊。「對不起…大姐大，我今晚一定會好好給妳一個交待！」

Baby G 聽到「大姐大」後，震驚地回到馬義身邊，跟他耳語。

「馬老闆，Baby 有另一個更重要的秘密，要立即告訴你喲！」

勞倫掛線後，突然行向馬義的一檯，向他們下逐客令。

「東主有喜！提早打烊！你們立即給我滾吧！」

小貓不服氣，憤然拍打檯面，然後站起來，上前跟勞倫理論。

「你憑什麼要我們離開？」

「就憑我是『薩拉熱鍋』的半個老闆！」

「哼！我們仍未吃完這一頓『最後晚餐』，就算你是半個老闆，也無權要我們離開！」小貓據理力爭，寸步不讓。

「他媽的！」勞倫急亂中爆出一句爆話。「妳找死？」

「我就是找死！」小貓歇斯底里，比勞倫更大聲。「最好一屍兩命！」

勞倫跟小貓對峙時，馬義挺身而出，站在二人中間。

「稍安無燥，這是大人的事情，妳先喝點東西吧！」

馬義安撫小貓後，她立即解除戒備狀態，返回坐位，飲檸檬茶。

「我身為『薩拉熱鍋』的熟客，相信這絕對不是莎拉小姐的待客之道！」馬義打算先禮後兵。

「你打算用莎拉來壓我？」勞倫卻不賣帳。

「我不是用莎拉小姐來壓你，我是用道德和文明來說服你！」馬義突然強勢起來。「立即道歉！」

「我幹嗎要道歉？我⋯⋯」勞倫被馬義氣勢所攝。「我現在不收你們錢！你們立即給我滾！」

「你剛才對小貓講了粗話，立即向她道歉！」

馬義坦然無懼，誓要為小貓討回公道，小貓非常感動地望向他。

「對小姑娘講粗話，你真的不該！」Baby G 落井下石。

「她都已經懷孕了，還是小姑娘？」勞倫勉強地反駁。

「未婚媽媽不可以是小姑娘嗎？」小貓說得理直氣壯。

「快！快跟我們的小姑娘道歉！」馬義突然有種說不出的正義感。

「道歉！道歉！」小貓有節奏地拍打檯面。

「道歉！道歉！」Baby G 拿起筷子敲打鍋邊。

「道歉！道歉！」馬義也拿起筷子跟隨節奏回應。

「找死！你們全都是找死！」

勞倫不想再糾纏下去，焦急地獨坐另一枱。

馬義跟小貓和 Baby G 一起享受勝利似的喜悅。

「不要理會他！我們繼續吃！吃個痛痛快快！」

「轟轟烈烈！」小貓模仿馬義那個代表「轟轟烈烈」的手勢。

小貓非常感動，從鍋裡夾起一片油炸鬼，放在馬義的碗內。

馬義吃了小貓給他的那片不知名內臟後，突然有股窩心暖意。如果這當真是他的「最後晚餐」，也算是死而無憾了！

馬義當時仍未知道，莎拉交給勞倫的行李箱內究竟有什麼東西？正如他不知道「鬼見愁」鍋裡有什麼食材？

而且，他更不可能知道，只差一點點，這一餐不只是莎拉和勞倫的「最後晚餐」，亦是他和小貓的「最後晚餐」……

第九幕

「Baby，妳剛才說有另一個重大秘密要告訴我，究竟是什麼一回事？」

Baby G 跟馬義耳語。

「馬老闆，你知道這個『勞倫』是什麼人嗎？」

小貓細聲對馬義說。

「我看過這個混蛋的專訪！他是一個吸血鬼基金經理，外號『股神・鬼見愁』！」

「『股神・鬼見愁』？！」馬義激動地打斷小貓。

馬義引起勞倫的注意，勞倫望了他一眼。

Baby G 示意馬義冷靜。

「馬老闆，你知道他跟莎拉姐是什麼關係嗎？」

「我當然知道，他是莎拉小姐的未婚夫……」

說罷，馬義傷感地拿起酒樽痛飲。

「他成為莎拉姐的未婚夫前，他跟莎拉姐是青梅竹馬……」

「青梅竹馬？！」小貓激動地打斷 Baby G。

小貓引起勞倫的注意，勞倫再望了他一眼。

Baby G 示意小貓冷靜。

「當年他從三流大學的文學院畢業後，和莎拉姐一起來到大城市發展，本來想從事廣告行業，可惜他沒有人脈，完全找不到工作，結果經其他同鄉介紹，輾轉成為了『大姐大』的『投資顧問』……」

「『大姐大』？！」馬義和小貓異口同聲，激動地打斷 Baby G。

馬義和小貓再引起勞倫的注意，勞倫再望了他一眼。

馬義和小貓立即不甘示弱的盯著勞倫。

勞倫覺得無聊，不再理會馬義和小貓。

「那個『大姐大』？」馬義細聲問 Baby G。

「正是那個令黑白兩道聞風喪膽的『大姐大』！」

「他也是『大姐大』的人？」小貓有種「世界真細小」的感覺。

「妳也認識『大姐大』？」Baby G 錯愕地反問小貓。

「不要忘記！我的前度，好歹是個古惑仔！雖然只是個不入流的低級古惑仔！」

「馬老闆，這是個千載難逢的好機會，你立即從他手上將莎拉姐拯救過來喲！」

「什麼？妳要我從『股神』手上將莎拉小姐『拯救』過來？」

「你以為他是『股神』很厲害，實在只是表面風光！我知道他近日投資失利，令『大姐大』損失嚴重，『大姐大』對他頒下了『江─湖─格─殺─令─』！」

「『江湖格殺令』？……我好像在哪裡聽過……」小貓自言自語。

「喂！妳怎會知道這些江湖恩怨？」馬義覺得事有蹊蹺。

「我昨晚在另一間火鍋店值班時，偷聽了幾個古惑仔的對話，然後跟他們玩了幾局『傻瓜拳』，知道了更多更驚人的秘密喲！」Baby G 自鳴得意。

「更多更驚人的秘密？快！快告訴我們！」小貓好奇追問。

「『大姐大』除了下令追殺勞倫，她為了彌補損失，竟然綁架了某富翁的女兒，正準備向富翁勒索巨額贖金。」Baby G 繪影繪聲。

「他明知有危險，也回來接未婚妻一起逃亡，總算是有情有義！不像我前度那樣卑鄙無恥下流賤格……」小貓突然感慨。

「『江湖格殺令』？…現實竟然比電影更荒謬？……」

馬義半信半疑時，莎拉從廚房拿著特製的麻辣火鍋出來。

「登登登登！這是我特別為你最新改良的『骨灰辣・鬼見愁』！」

莎拉將更古雅精緻的銅爐火鍋放在勞倫的桌上。

「吃吧！趁熱吃吧！」

勞倫心緒不寧，再看了看手錶。

「親愛的，讓我先來介紹一下，改良版『骨灰辣・鬼見愁』的湯底和材料。」

莎拉夾了一片內臟給勞倫，勞倫拿起筷子，隨意吃了一點。

「在等你回來的日子裡，我不斷改良，改良，再改良，最後選取了現時世界上最辣的三款超級辣椒！」莎拉豎起三根手指。「分別是英國的…」莎拉突然像恐龍咆哮一聲。「『龍之氣息』[1]、美國的⋯⋯」莎拉突然扮鬼叫。「嗚—嗚—『卡羅來納死神』[2]、以及澳洲的⋯⋯」莎拉雙手扮作蠍子的鉗。「『千里達毒蠍壯漢T辣椒』[3]，熬製出足以摧毀神經、令骨頭也灰飛煙滅的終極火鍋湯底！」莎拉溫柔地問勞倫。「痛快嗎？刺激嗎？」

「痛快！刺激！」

勞倫態度敷衍，再看看手錶，恨不得立即離開的表情似的。

「馬先生，」莎拉突然望向馬義。「你是我的熟客，我想聽聽你的意見，這個『骨灰辣・鬼見愁』，您滿意嗎？」

「滿意！非常滿意！但我覺得好奇怪，並沒有想像中的那麼辛辣啊！」

「『骨灰辣・鬼見愁』的重點，是『回味』！」莎拉望向小貓。「這位小姑娘，妳覺得味道如何？」

「我從未吃過這樣好味的麻辣火鍋呀！我最喜歡那份濃郁的藥材味⋯⋯」小貓一臉興奮。

「藥味濃郁得來好溫和，豆腐和鴨血都好易入口，嚼起來不軟不硬極之黏韌，吃了之後，遍體生溫，血脈沸騰，好像有一股暖流在體內擴散出來！」馬義七情上面。

「太過份了！為什麼要讓我吃到這樣美味的麻辣火鍋？我以後吃不到怎樣好

註1：「龍之氣息」（Dragon's Breath），是目前僅次於X辣椒最辣的辣椒品種，其「史高維爾指標」約2480000。此品種起源於英國威爾斯聖亞瑟夫（St Asaph），並由當地的諾定咸特倫特大學（Nottingham Trent University）參與開發過程。

「史高維爾指標」（Scoville Scale）是由美國化學家威爾伯史高維爾（Wilbur Scoville）於1912年所制訂的度量辣椒素（Capsaicin）含量的一項指標。他以自己的姓「史高維爾」（Scoville）作為單位名稱，稱為「史高維爾辣度單位」（Scoville Heat Unit），縮寫為SHU。

註2：「卡羅來納死神」（Carolina Reaper）是黃燈籠辣椒的栽培品種，育種者為美國著名辣椒育種員埃德柯里（"Smokin" Ed Currie），他亦是普克巴特（Puckerbutt）辣椒公司的創立者。

這種辣椒外觀呈紅色且形狀凹凸不平，除此之外還有一個小而尖的尾部。2017年，「卡羅來納死神」辣椒榮獲最辣辣椒的健力氏世界紀錄，但這項記錄已經於2023年被同為柯里所培育的X辣椒所打破。

註3：「千里達毒蠍壯漢T辣椒」（Trinidad Scorpion Butch T pepper）是黃燈籠辣椒的一種，是千里達莫魯加毒蠍辣椒（Trinidad Moruga Scorpion）的一個衍生種，曾是世界紀錄最辣的辣椒，該記錄在2012年被「卡羅來納死神」超越。

呢？」小貓非常搞笑。

「莎拉姐，這些辣椒，市面上極之罕有，多數用於軍事領域，是催淚彈的重要原料之一喲！」Baby G 突然打斷了馬義和小貓的雅興。

「對！一般來說，這些辣椒不可食用，但我按照祖傳秘方，加入數十種藥材一起熬煮後，就變成了美味又有益的食物。」莎拉一派專家口吻。

小貓突然不由自主的流淚。

「嘩！真的辣到流眼淚！」

「我卻是眼淚在心裡流！」

小貓和馬義對望後一起大笑。

Baby G 拿紙巾給小貓抹眼淚。

「親愛的，」莎拉幽怨地望著勞倫。「我是一邊流眼淚，一邊為你準備這一鍋『鬼見愁』……」

勞倫再看看手錶，開始急燥。

「莎拉，對不起，我真的趕時間……」

「材料方面，除了普通的豬紅和臭豆腐，及第粥的豬膶、豬粉腸和豬肉丸，我還精選了豬皮、豬心、豬肺、豬腦、豬天梯[4]、豬橫脷[5]、羊腩、牛鞭、鴨腎、鵝腸、雞子、魷魚、鵪鶉蛋，還有你的至愛——貓山王榴槤！」

莎拉夾了一片榴槤肉給勞倫。

勞倫再看看手錶，開始緊張。

「全都是高膽固醇食物喲！食物界的『十大殺手』喲！」Baby G臉色一沉。「果然是殺人於無形的『鬼見愁』喲！」

勞倫正要拿起筷子，手機突然響起「大姐大」的來電。

勞倫愀然變色，準備接聽時，莎拉幽怨地盯了他一眼。

「這是我們的『最後晚餐』，你可以專心一點嗎？你可以尊重一點嗎？」

「對不起，這個電話，我必須接！」

勞倫無視莎拉的投訴，慌忙站起身來，行到一旁接聽電話。

「『大姐大』，對不起……」「大姐大」向勞倫怒吼一聲，他立即將手機拉遠

註4：豬天梯，是豬上顎的軟骨，因為外形似梯而得名。這部份的軟骨沒有脂肪和肉質，一隻豬身上只有一細份，所以比較珍貴。

註5：豬橫脷，是豬的胰臟，在豬的腹部，和豬腸打橫連著，像舌頭（脷），所以被稱為「豬橫脷」，具有健脾胃、助消化、養肺潤燥、清濕熱、去肝火的功效，通常被用來煲湯。

一點，待「大姐大」發完脾氣才放回耳邊。「我這邊出了一點狀況⋯⋯」「大姐大」罵得更兇，勞倫立即將手機拉得更遠，待「大姐大」罵完才放回耳邊。「我馬上回來，請再給我三十分鐘⋯⋯」

莎拉突然行近勞倫，一手搶過他的手機。

「十年了！人生有多少個十年？為了你，我放棄了藥劑師的夢想！放棄了出國留學的機會！但你總是用工作做藉口，不肯和我結婚⋯⋯」

勞倫大驚，立即上前，希望搶回手機，莎拉卻為他掛線。

「莎拉，妳闖禍了！」勞倫大驚。

「對你，我已經心死了，今晚只想一起好好吃頓『最後晚餐』，然後各走各路，但你只顧跟另一個女人講電話，你到底有沒有理會我的感受？」

「她並不是一般的女人，她是『大姐大』啊！」勞倫叫屈。

「『江湖姦殺令』？！」馬義衝口而出。

Bab y G和小貓同時出手，封著馬義的嘴巴，令他只清楚講出「江湖」二字，「格殺令」三字卻變成古怪搞笑發音的「姦殺令」。

「我知道『大姐大』是你的生意伙伴，我也知道她是你最重要的女人，」莎拉一手拉著勞倫。「但你今晚必須陪我吃完這一鍋『鬼見愁』，才可以離開這裡！」

「再見！不，永別了！」勞倫迴避莎拉的目光，強忍離愁別緒。「我欠妳的，來世償還給妳吧！」

勞倫狠心推開莎拉，拉著沉重的行李箱，轉身離開，卻在門口遇上了他——一個就像電影《全職殺手》裡「托爾」打扮的「劫匪」！

「劫匪」透過面罩內的變聲器，發出機械似的奇怪聲音。

「Everybody be cool, this is a robbery！」

「劫匪」模仿 Tim Roth 在《Pulp Fiction》裡的經典台詞，這正是馬義和國強的暗號。

只是「劫匪」的英文太爛，發音完全不正確，小貓忍不住偷笑，馬義卻在心裡讚嘆國強演繹得惟妙惟肖。

國強來了！國強終於來了！馬義滿以為可以趁機會撥亂反正，讓他自編、自導、自演的《襲擊火鍋店》可以順利演出。

然而，馬義當時仍未知道，真正的荒誕混亂，現在才正式開始……

第十幕

「救命啊啊啊啊啊啊啊啊啊！」

「劫匪」以浮誇的大賊造型隆重出場，Baby G 看似受驚過度，誇張地失控大叫。

「Shit Up！」

「劫匪」喝罵 Baby G，Baby G 立即收聲，雙手掩著嘴巴。

「哈哈哈…嘻嘻嘻…呵呵呵…喵喵喵……」

小貓忍不住大笑，因為「劫匪」將「Shut Up！」講錯成「Shit Up！」。

「Shit Up！」

「哈哈哈！嘻嘻嘻！呵呵呵！喵喵喵！」

「劫匪」喝罵小貓，但這次他錯得更離譜，小貓笑得更誇張。

就連剛才情緒大幅波動的莎拉和勞倫，也分別忍不住偷笑。

馬義向「劫匪」豎起姆指讚好，但「劫匪」竟然視若無睹。

「Don’t do any~thing stu~pig！」

「劫匪」又爆出另一句搞笑的超爛英文，沒有人明白他講什麼。

「你的英文是體育老師教的嗎？」小貓不能彎腰，笑得很辛苦。

「Are You Taking to me？」

「劫匪」模仿 Robert De Niro 在《Taxi Driver》的經典台詞，卻將「Are You Talkin' me？」講錯了，馬義不禁被氣壞。

「不如你講中文吧！」

「俺是來打蔗的！」

雖然是中文，卻帶點鄉音，「劫」字竟然唸成是「蔗」。

馬義讚嘆國強果然夠專業，他完美地掩飾了真正身份！

「我不想死！我不想死喲！」Baby G 誇張失控地大叫。

「妳給我閉嘴！」那個「閉」字竟是標準的英文「B」字發音。

「劫匪」立即拿槍指著向 Baby G，並對她暴喝一聲。

Baby G 立即收聲，以雙手掩著嘴巴，並且跪在地上。

「劫匪」隔著面罩，目光掃視勞倫、Baby G 和小貓。

馬義不停向「劫匪」打眼色，配合之前約定的手勢，因為他打算修改劇本。

「俺需要一名人質！」

「劫匪」一邊說著，一邊行近莎拉。

「告訴俺，你們當中，誰最該死？」

馬義好想教訓勞倫，替莎拉出一口氣，所以他率先站起身，即場加插新劇情。

「我最該死！」

「什麼？」「劫匪」非常錯愕的語氣。

「我最該死！因為我深愛一個女人，但這個女人卻愛上了一個賤男！這個賤男，」馬義瞄了勞倫一眼，然後對他指指點點。「就像他！」勞倫似有所覺。「我不是說你就是這個賤男，但你跟他實在太相似了！」

「劫匪」立即望向勞倫。

峰迴路轉，小貓突然站起身。

「我最該死！」

「什麼？」「劫匪」有點煩燥的語氣。

「我最該死！因為我愛上了一個賤男！這個賤男，」小貓輕藐地望向勞倫，然後像《One Piece》裡的「女帝」一般的豎起食指指著他。「就像他！」勞倫啼笑皆非。「我不是說你就是這個賤男，但你跟他實在太相似了！」

「劫匪」慢慢行到勞倫身旁，對他製造出巨大壓力。

更峰迴路轉的是，莎拉突然也站起身。

「我最該死！」

「什麼？」馬義、勞倫和「劫匪」異口同聲的大叫。

「我最該死！因為我愛上了一個賤男！這個賤男，」莎拉幽怨地望著勞倫，然後悲憤地指著他。「就是你！」勞倫立即望向身後。「你！就是你！你就是那個浪費了我十年青春的世紀賤男！」

勞倫百辭莫辯時，他在莎拉手上的手機再次響起！

勞倫正想取回手機時，莎拉憤然將手機擲向一旁。

勞倫心知不妙，立即跑上前拾起手機，看到果然是「大姐大」的未接來電，大吃一驚。

「他媽的！」勞倫爆出粗話。

國強同時來到勞倫身後。

勞倫抬頭的一刻，「劫匪」以手槍指向他的額頭。

「不用懷疑，你最該死！」

「劫匪」示意勞倫慢慢站起身。

「臨死前，告訴俺，王晶在哪兒？」

鄉音下，「黃金」竟然唸成了「王晶」。

黃金?馬義心裡罵國強的即興演出也太離譜了吧！

然而，馬義當時怎會知道，更離譜的劇情，即將發生！

究竟是人生如戲?抑或是戲如人生?

也許，世上最離譜的劇情，正是「人生」！

第十一幕

「這裡是火鍋店，怎會有黃金呢？」小貓打岔「劫匪」。

馬義奇怪，小貓怎會明白國強所講的「王晶」是「黃金」？

「劫匪」沒理會小貓，槍嘴對著勞倫，更強勢地向他逼供。

「快告訴俺，王晶在哪兒？」

「這裡…是火鍋店…怎會…有黃金呢？……」

勞倫神色慌張，完全出賣了他。

小貓一臉難以置信。

「你的演技太差勁了！」

「劫匪」回頭望向莎拉。

「老笨娘，妳和『股神』，將那些王晶，收藏在哪兒？」

「我不知道你在說什麼？」

「防空洞裡的王晶啊！」

「這裡沒有防空洞！也沒有王晶！」

「哼！江湖傳聞，這裡收藏了最少有市價一百萬的純王晶豬！」

莎拉和勞倫赫然對望，卻立即避開了對方的目光。

「一百萬？！」小貓吐糟。「這麼少？買房子也不夠啊！」

「純黃金磚？！」Baby G仍然以雙手掩臉，卻偷偷望向勞倫的行李箱。

馬義不停向「劫匪」打眼色，偷偷向莎拉指指點點，提醒他不要再即興演出，盡情按照劇情發展，但「劫匪」完全沒有合理的反應。

「你找錯地方了！」莎拉勇敢地迎向「劫匪」。「快給我滾！」

「看！莎拉也是下逐客令的啊！」勞倫向馬義和小貓示威。

「首先，他是『劫匪』，不是客人！」小貓不服氣，據理力爭。「更重要的是，莎拉沒有說粗話！」

「你們都給我B嘴！」

「劫匪」將「閉」字說成標準的英文「B」。

「劫匪」說罷，行向莎拉，槍嘴突然指著她的眉心。

「俺只是來拿王晶！不要B俺殺人！除了你！」

「劫匪」將「迫」字也說成標準的英文「B」。

「劫匪」霍然回望勞倫，勞倫立即慌亂起來。

「你這些該死的『股神』，到底害了多少人傾家蕩產？」

「你⋯是『大姐大』派來的？⋯」

「我數三聲。」

看見「劫匪」終於脅持莎拉作為人質，馬義舒了一口氣。

「三！」

勞倫思想掙扎地望著莎拉，然後望了望遠處行李箱。

「二！」

劇情終於撥亂反正，馬義是時候做主角了！

「一！」

馬義做好了心理和生理的準備，正要上前「英雄救美」時，勞倫突然走到行李箱旁邊，並且語出驚人！

「黃金都在行李箱內。」

「你給俺打開行李箱！」

勞倫立即打開行李箱，行李箱竟發出燦爛金光。

只見箱內有大量金磚！市價一百萬的純黃金磚！

小貓冷笑一聲。Baby G 不再花容失色。馬義卻是呆若木雞。

實在比峰迴路轉更要峰迴路轉！這個勞倫究竟搞什麼鬼？他怎會跟國強一起即興演出？

「好！給俺關上行李箱！」

勞倫按照「劫匪」的要求，立即關上行李箱，卻突然向他下跪。

「大哥，一人做事一人當！是我對不起『大姐大』，我女人是無辜的！我求求你，求你放過我女人！」

「我不是你的女人！『大姐大』才是你的女人！」

「我可以對天發誓，我跟『大姐大』，只是互相利用，絕對不是妳想像中的那種關係！」

「哼！你們鬧夠了沒有？那個什麼『大姐大』？根本只是小腳色！」

「劫匪」快步行向勞倫，但槍嘴仍對著莎拉。

「大哥，你不是『大姐大』派來的？」

「哼！俺一向獨來獨往！萬水千山縱橫！」

勞倫驚訝搞錯了，想搶回行李箱，「劫匪」一腳將他踢走。

莎拉很想上前照顧勞倫，「劫匪」的槍嘴卻繼續指向著她。

馬義開始懷疑，這個「劫匪」不是國強，而是真正的劫匪！

馬義隨即思考，他如何即興演出，臨場改動「英雄救美」的劇情？

「劫匪」一邊以手槍遙指莎拉，一邊拖著沉重的行李箱離開火鍋店時，大門猛力被推開，剛巧迎面擊中「劫匪」，「劫匪」應聲倒地。

放滿黃金的行李箱，剛巧滾回勞倫手上。

「Everybody be cool, this is a robbery！」

跟「劫匪」同樣打扮的國強誇張地闖進火鍋店，他同樣模仿 Tim Roth 在《Pulp Fiction》裡的經典台詞，但他的英文發音標準，明顯是接受過高等教育。

國強來了！國強正式登場了！但馬義自編、自導、自演的《襲擊火鍋店》，已經徹底失控了。

然而，馬義當時仍未知道，《襲擊火鍋店》的真正男、女主角，由他構思故事的一刻開始，根本就不是他和莎拉……

第十二幕

「Don’t do anything stupid！」

國強熟練地按照劇本，唸出第二句台詞後，突然發現火鍋店內的情況不似預期。明明應該只有馬義、莎拉，以及飾演「孕婦」的臨時演員，怎會還有其他人呢？國強望向落地玻璃，突破了「第四面牆」，對幻想中的觀眾說話。

「馬大哥今次果然好認真！除了我建議的『孕婦』，還加插了『啤酒妹』和『西裝男』，壓軸高潮時，應該還會殺出一大班黑幫吧！」

就在這時，「劫匪」慢慢爬起身。

國強發現「劫匪」，立即會心微笑。

「黑幫提早出場了？看我如何即興演出吧！」

國強跟「劫匪」對峙，就像傳統武俠電影般，高手過招前的在轉圈。轉了三個半圈後，國強突然出招，哼出《將軍令》的旋律。

「登登登登～登登登登～登登登登登登登～」

國強再次突破第四面牆，跟觀眾說話：

「年青人，你斗膽搶我的王晶，你是哪一路？」

「原來他喜歡看王晶的電影，看我如何接招吧！」

國強隨即變陣，跟「劫匪」展開周星馳在《唐伯虎點秋香》裡的經典對話。由國強飾演「唐伯虎」，「劫匪」飾演「老師」……

「未請教！」

「教上教！」

「先請而後教！」

「後教而先請！」

「先請而先教！」

「後教而後請！」

「再請我就教。」

「唏！不准教！我本身原籍四水，現為警方頭號通緝犯，外號『路人甲』！你到底屬於哪個社團？」

「我原籍長州，現任『九龍城劇團』一件迷途小雜工，門前一對雙花齊眉棍，還有幾個月的欠單！」

「吓！你大我呀？」

「劫匪」突然脫下上衣，露出紋身。

「嘩！」除了 Baby G，火鍋店內眾人一起大叫。

「哼！我左青龍，右白虎，老牛在腰間，龍頭在心口，人擋殺人，佛擋殺佛！」

「夠了！」

馬義終於按耐不佳，憤然拿起啤酒樽，趁「劫匪」不為意時，走到他的身後，猛力揮樽，「劫匪」應聲暈倒。

「救命啊啊啊啊啊啊啊！」

Baby G 再次受驚，瘋狂失控地大叫。

莎拉和勞倫一臉錯愕，小貓卻為馬義鼓掌叫好。

國強透過面罩掃視 Baby G、小貓、勞倫、以及倒地不起的「劫匪」。

「有意思！這些臨時演員真的好有意思！」

國強整理一下衣服，行到眾人面前，繼續按照劇本唸台詞。

「告訴我，你們當中，誰最該死？」

怎料，莎拉竟然比馬義率先回答！

「我該死！我和這個賤男都該死！」

國強和馬義錯愕時，莎拉突然忘情大笑。

「哈哈哈！哈哈哈！哈哈哈哈哈哈！」

「莎拉小姐，請冷靜！」馬義一臉關心。

「哈哈哈！」莎拉對國強燦爛一笑。「不用麻煩你出手了！我和這個賤男，今晚都必死無疑！」

「莎拉，妳不要嚇我啊！」勞倫非常擔憂。

「哈哈哈！這一鍋『骨灰辣‧鬼見愁』，我已下了劇毒！足以讓我倆七孔出血、穿腸破肚的劇毒！」

這個時候，馬義終於明白，原來他並不孤獨！

除他以外，很多人都已為自己選擇了死亡，包括小貓和莎拉。

然而，馬義當時仍未知道，「有的人活著其實早已死去，有的人雖然死了但依然活著」，竟然將會是他的寫照。

第十三幕

國強以為自己聽錯時，莎拉幽怨地望著勞倫。

「你答應了我，這是我們的『最後晚餐』！」聽到「最後晚餐」這個關鍵詞，國強不再懷疑，靜靜地欣賞眾人的「即興演出」。

「老闆娘，我們這一鍋，妳也放了劇毒嗎？」小貓指了指馬義跟她分享的「鬼見愁」。

「對不起，馬先生的一鍋沒有毒，只是膽固醇超標。」莎拉語氣平靜的回應

「我還以為可以『一屍兩命』！」小貓一臉不爽。

「妳哪裡找來的毒藥？我怎會察覺不到任何異味？」勞倫大為緊張。

「就是那些用來製造催淚彈的超級辣椒！」Baby G 靈光一閃，然後鼓掌。

「你忘記了我的大學本科和畢業論文嗎？」莎拉更幽怨的望著勞倫。

「果然是高潮疊起，正呀喂！」國強也為莎拉鼓掌。

「妳…」勞倫激動起來，質問莎拉。「為什麼要下毒？」

「因為我已有覺悟，準備跟你一起殉情！」莎拉苦澀一笑。

勞倫立即撲上前，扶起莎拉。

「快！去廁所！我幫妳扣喉！」

莎拉卻一手推開勞倫，神情悲壯的繼續吃。

「找死！我們全都找死！」

勞倫哀號一聲，隨即脫下外套，跟莎拉一起吃，連肉和湯的一起吃。

「你傻了嗎？有毒的啊！你不怕死？」莎拉竟然大為緊張，嘗試阻止勞倫。

「我該死！我該死！我真的該死！」勞倫悲憤莫名，邊吃邊說。「我已盡了力保護妳，結果仍是徒勞無功！妳要殉情嗎？好！我們一起去死吧！」

馬義和小貓感到莫名其妙時，國強卻為了勞倫和莎拉熱烈鼓掌。

「人生如戲，戲如人生！實在太真實了！實在太精彩了！」

「危險！有殺氣！」

Baby G 突然判若兩人，推翻圓木餐桌，嬌吒一聲。

火鍋店內突然子彈橫飛！

「大姐大」的手下殺到！

在 Baby G 指揮下，國強和勞倫也分別推翻另外兩圓木餐桌。

「大家快躲起來！」

Baby G 身手敏捷地躲在接近門口的圓木餐桌後；馬義參扶行動不便的小貓，一起躲在店內正中央的圓木餐桌後；勞倫則放棄了載滿黃金的行李箱，掩護著莎拉，一起躲在靠近廚房的圓木餐桌後。

國強卻以為是電腦特效，了無懼色，沒有逃避。

「好逼真的電腦特效啊！正呀喂！」國強熱烈鼓掌。

馬義向國強招手，示意他快躲起來，但他並沒有理會。

子彈繼續橫飛，店內各人命懸一線，國強卻是自得其樂。

「路人甲」突然被槍聲驚醒，慌忙地找地方躲藏，左右兩臂先後中槍。

「哎呀！哎呀！」

馬義閉眼不敢看見流血的畫面。

「實在是比真實更真實的電腦特效啊！」國強更熱烈地鼓掌。

「路人甲」連忙躲在國強身後，這次輪到左腳大髀和右腳小腿先後中槍。

「哎呀！哎呀！好難捉摸呀！」「路人甲」大呼倒楣。

「這就是江湖上失傳已久的『隔山打牛』！」國強誇張地鼓掌叫好。

「大哥，你站在我身後好嗎？」「路人甲」央求國強。

「好啊！好玩啊！」

國強一邊偷笑，一邊踏著舞步，走到「路人甲」身後，兩顆子彈剛巧打中「路人甲」的左右雙肩。

「哎呀！哎呀！」

「路人甲」慘叫兩聲，再次昏迷不醒。

國強為「路人甲」的演技鼓掌後，繼續坦然無懼的卓立於槍火之間。

然而，馬義當時仍未知道，他和國強真的不需要害怕，也不應該逃避，因為「窮途未必是末路，絕境也可以逢生」！

不！也許應該是只有到了絕境，才可以逢生，甚至「重生」吧！

第十四幕

過了一會，槍聲驟然停止，店內變得一片死寂。

眾人感到奇怪時，國強開始探頭關注店外情況。

「可惡也！勞倫，你這個狗養的，竟敢掛線？！」

店外突然響起一陣不男不女、陰陽怪氣的狂暴怒吼！

「『大姐大』？！」勞倫震驚。

「『大姐大』？！」馬義、Baby G、莎拉、小貓和國強，同聲驚呼。

國強對馬義豎起姆指讚好。

「這個飾演『大姐大』的演員，好有戲！正呀喂！我也開始緊張起來了！」

馬義被國強氣壞，卻已沒有機會解釋。

「我這裡有超過一百人，已經將火鍋店重重包圍！」「大姐大」怒吼一聲。「你，今晚，必死無疑！」

國強再對馬義豎起姆指讚好。

「厲害！好逼真的電腦特效！正呀喂！」

「對不起，是我連累了妳…」勞倫感到絕望。

「這一餐，真的是我們的『最後晚餐』了…」莎拉恍如隔世。

「我給你十分鐘時間！只要你交出那一箱黃金，我可以保你們全屍！」「大姐大」比剛才更兇神惡煞。

「黃金?越來越有趣了！」國強忍不住豎起姆指讚好。

「一箱黃金?…」馬義認真地問莎拉。「妳怎會有這一大箱黃金?！」

「對！市價最少一個億的純黃金磚。」

「一個億？！不是勉強只有一百萬嗎？！」

「如果我將真相告訴你，你會否早已跟我結婚？」

「如果妳將真相告訴我，我就不用為了跟妳結婚，辛辛苦苦的替『大姐大』賣命了……」

「不好意思，恕我好奇問一句：妳怎會有這麼多黃金？」馬義好奇一問。

「這是乾媽和乾爹留給我的嫁妝。」莎拉幸福一笑。

「果然，生娘不及養娘大，親爹不及乾爹好……」小貓突然感觸起來。

莎拉指了指地下，然後娓娓道來。

「這是之前收藏在防空洞的戰前遺物，他們將防空洞改建成地下室時發現的。」

「防空洞？地下室？高潮之後再高潮？正呀喂！」

國強專業地、有節奏地敲打地面，然後拉開半邊面罩，伏地貼耳，聆聽地板下的迴響。

「作為工程系的高材生，我好肯定這裡有個地下室！真的地下室呀！」國強突然有所發現，仔細再聽清楚。「等等，旁邊還有一條隧道！真的有隧道啊！」

「我們只要進入地下室，就可以從隧道逃生？」馬義喜出望外。

「對呀！」國強提出了重點。「但我們怎樣進入地下室呢？」

「地下室的入口，在雜物房內……」莎拉遲疑片刻。「但那裡放滿了雜物……」

馬義充滿幹勁，望向勞倫和國強。

「兄弟們，是我們幹活的時候了！」

國強一臉猶豫時，馬義不忘安慰小貓。

「就算要死，我們都要有尊嚴、有選擇的死！絕不可以死在這些壞人的子彈下！」

「我和我的 Baby，精神上支持你們！」小貓非常感動，腹內卻隱隱作痛。「一起努力！加油！……」

「就憑你一件番薯，加我們幾件蛋散，只有餘下幾分鐘，你以為真的可以創造奇蹟？」勞倫負能量爆發。

「你們一起快動手吧！」莎拉望著小貓。「最緊要讓小姑娘可以平安離開！年輕人是我們的希望！」

小貓望向莎拉，既感激，又感動。

「要走，我們一起走！」

「我身中劇毒，過不了今晚……」

「劇情發展到這裡，我們需要想辦法拖延時間了！」

馬義突然靈機一動，一手扯下國強的面罩。

國強立即一手掩臉，一手舉起手槍，指向馬義。

「馬大哥，這是即興演出嗎？」

馬義沒理會國強，威嚴地指著勞倫。

「脫！」馬義命令勞倫。

「脫什麼？！」勞倫難以理解。

「脫衣服！」馬義暴喝一聲。

勞倫雙手掩胸，後退一步。

「我不脫！」

「立即脫！」

「脫！脫！脫！脫！脫！脫！脫！脫！脫！」國強配合舞步，興奮地唱。

「你給我閉嘴！」馬義喝止國強，然後視死如歸的望著勞倫。「你快脫下衣服給我，我假扮你出去送死，盡量拖延時間，換大家一條生路！」

「生路？已經再沒有生路了！」勞倫繼續充滿負能量。

「路，是由人走出來的！」馬義不知從何而來的鬥志。

「夠了！你以為現在是拍電影嗎？你這樣逞英雄有用嗎？」勞倫絕望地苦笑。

國強攝手攝腳地行到馬義身後。

「馬大哥，你這番話，雖然欠缺說服力，但我很喜歡你的即興演出！」

國強仍以為是演戲，不知道事態嚴重，馬義卻沒時間跟他詳細解釋，只好把握機會講出心底話。

「我不是逞英雄，我只是希望讓莎拉小姐得到幸福！」

莎拉既驚訝，又感動。

勞倫卻突然瘋狂大笑。

「幸福？⋯⋯你以為只有你願意犧牲來讓莎拉得到幸福嗎？」勞倫悲憤莫名。

「勞倫⋯⋯？」莎拉一臉愕然。

「我本來跟『大姐大』談好了，用自己的性命，加上這批黃金，換取莎拉的安全和幸福！但是一切都被你們搞垮了，『大姐大』絕對不會放開我們的了！」勞倫悲痛地緊握拳頭。

「No！No！No！No！No！」

躲在一旁，本應驚嚇得花容失色的 Baby G，突然挺身而出，目光掃視五人，逐一對他們說「不！」。

「現在放棄？太早了！」

Baby G突然變了另一個人，氣場變得很強大，聲音也不再嬌嗲，就像女俠一般的英姿颯爽！

馬義、勞倫、莎拉和小貓都大吃一驚，國強卻雙眼發光，暗裡叫好，佩服她收放自如的精彩演技。

「有些事情，不是看到希望才去堅持，而是堅持了才會看到希望！」Baby G慷慨激昂，振臂高呼，轉瞬間已震攝全場。

這個時候，馬義突然像靈魂出竅，思考一連串早前跟國強觀看杜琪峯導演的《放逐》時，曾經探討的哲學性問題：

一噸黃金有多重呢？

一噸夢想有多重呢？

一噸愛又有多重呢？

傻瓜！夢想和愛，怎麼可以用重量來衡量呢？

那麼，一噸辛苦有多重呢？

一噸辛苦，如果重就辛苦，如果輕就不辛苦了！

等等，不痛苦的「辛苦」，還算是「辛苦」嗎？

那麼，一噸幸福有多重呢？

一頓幸福，如果能夠和別人分享的才是「幸福」，如果不能夠和別人分享的就是「辛苦」了……

那麼，一頓希望有多重呢？

也許，是一鍋「鬼見愁」……

也許，是一樽冰凍的啤酒……

也許，是一個「東郭先生」的殺人套餐……

第十五幕

Baby G 突然不知道從哪裡拿出古雅手槍，殺眾人一個措手不及。

國強卻以為是另一段即興演出，為 Baby G 激烈鼓掌。

「好！非常好！說得非常好！」

Baby G 突然將手槍指向國強，並模仿剛才國強喝止的口吻。

「你給我閉嘴！」

國強立即閉嘴，卻覺得非常過癮，完全沒有危機感。

「妳…妳究竟是什麼人？」莎拉難以置信地望向 Baby G。

「我！是！殺！手！」Baby G 突然語出驚人。

「妳是殺手？妳才是『大姐大』派來殺我們的？」

「No！No！No！」Baby G 行近馬義，舉槍指向他的額頭。「我今日的任務，是要讓他早登極樂！脫離俗世的痛苦！」

「妳…妳是『東郭先生』！？」馬義一臉驚愕。

「『西門小姐』，鄙人『東郭先生』，幸會！」Baby G 對馬義瀟灑一笑。

「妳欺騙我說什麼啤酒公司送大禮，就是為了殺死馬先生？」莎拉質問 Baby G。

「啤酒公司送大禮，是真的！美國頭等機票連酒店總統套房二人同行大獎，也是真的！」Baby G 語氣誠懇。「如果妳有興趣，我可以送給妳！」

「妳不會真的是『啤酒妹』吧？」小貓擋在馬義身前。

「我有一個習慣，就是喜歡近距離接觸暗殺的目標，了解他們生前的最後願望。」對馬義。「所以我特別假扮『啤酒女神』接近你。」

「馬先生這麼好人，妳為什麼要殺他？」莎拉繼續質問 Baby G。

「莎拉小姐，我老老實實的告訴妳，我患上了絕症，肺癌，只剩下一個月的時間！」

「我的天啊！」莎拉完全無法接受。

「我打算在死前完成唯一心願，就是讓莎拉小姐夢想成真！」馬義深情地望著莎拉，終於鼓起勇氣。「為妳搞這一場『杜琪峯跟村上春樹結婚』的驚喜派對。」

莎拉感動的望向馬義，再望向勞倫。

勞倫驚愕地望向馬義，再望向莎拉。

勞倫和莎拉四目交投時，國強突然為馬義激烈鼓掌，勞倫和莎拉立即避開對方的眼神。

「好！非常好！演得非常好！」

Baby G 若有所思地打量國強。

「我好害怕接受治療的痛苦，更害怕死亡前的孤獨，所以請『東郭先生』幫手，讓我可以死得轟轟烈烈……」

「你不要放棄治療呀！」小貓嘗試安慰馬義，卻不自覺說錯了話。「你以為治療很痛苦嗎？我生孩子比你痛苦得多呀！」

Baby G 對小貓搖頭，小貓知道自己又說錯話。

「對不起，我不會安慰人，我一點都不可愛，我一直都不懂如何討人歡心……」小貓頹然自責。

「妳就是妳，妳根本不需要討人歡心！妳是最高貴又可愛的貓妖！」Baby G 彷彿以過來人的身份鼓勵小貓。「妳有權利和義務，去選擇屬於妳的路！」

「我一點也不高貴！我只是一個無人可憐的、準備跟孩子『一屍兩命』的未婚媽媽……」小貓卻更自責。「妳教我如何選擇屬於我和我 Baby 的路？」

莎拉和勞倫對小貓深表同情。

國強也被小貓這個「臨時演員」的演技感動了！

「忘記那個傷害了妳的男子，跟妳的孩子，一起重新出發吧！」馬義鼓勵小貓。

「那個混蛋，不只是騙財騙色，更欺騙了我最重要的東西！」小貓突然激動起來。

「妳最重要的東西，」國強忍不住插嘴。「是夢想？」

「信任！他令我不敢再輕易相信別人！」小貓幽幽地嘆了一聲。

「所以妳不再相信任何人？所以妳打算一屍兩命？」馬義關心的問。

「我趁他們空巢而出時逃走，輾轉來到這家火鍋店，原本以為充滿希望，實情是比絕望更絕望！」小貓已熱淚盈眶。

「孩子是無罪的！我們可以將他培育成為好人！」馬義繼續鼓勵小貓。

「在這個黑白顛倒，壞人當道的世代，好人是沒有好報的！」小貓悲憤莫名。

「孩子是一張白紙，我們可以將他訓練成為好人中的壞人，壞人中的好人！」馬義脫口說出。

「如果是男孩子，我希望他比女孩子更溫柔！如果是女孩子，我希望她比男孩子更堅強！」小貓哭笑難分。

「所以，妳要加倍的愛護自己！孩子需要父母以身作則，他們才會有一個好榜樣！可以身心健康地成長！」馬義像慈父一般的口吻。

「我不可能是一個好媽媽！我完全不懂怎樣照顧孩子！我好擔心他長大後會怪責我，怪責我未準備好就要他出生於這個污煙瘴氣的城市……」小貓聲淚俱下。

「沒有人天生就是好父母！妳仍有機會學習！跟妳的孩子一起好好學習！」Baby G 語氣堅定。

「妳認為我仍有機會嗎？妳真的認為我們有機會可以活著離開這裡嗎？」小貓絕望反問，也說出了勞倫和莎拉的心聲。

Baby G 一臉自信。

「就算我只剩下一顆子彈，我都有信心讓大家平平安安的離開這裡！」Baby G 對馬義瀟灑一笑。「然後再讓你死得『轟轟烈烈』！」

這個時候，馬義終於明白，他一直錯誤地解讀「幸福」的定義！「幸福」根本不可以用重量來衡量！

他一直擔心自己沒有能力為別人為來「幸福」，但原來有一種「幸福」，是跟你愛的人一起經驗不幸，一起超越不幸，最後成就「轟轟烈烈」的幸福！

第十六幕

國強激烈讚賞 Baby G 好演技，為她激烈鼓掌。

「妳演得太好了！我決定封妳做我的偶像！」

國強仍然以為眾人在演戲，Baby G 靈光一閃。

Baby G 行到國強身邊，假裝即興的跟他說話。

因為剛才 Baby G 叫國強「閉嘴」，國強下意識地用沒有持槍的手掩著嘴。

「有沒有興趣，跟我合演一場戲？」

「演什麼戲？」國強一臉驚喜。

「由你來飾演『東郭先生』！」

「妳不是演得好好嗎？幹嗎換我來演？」

「第一，沒有人會相信『東郭先生』是像我這樣漂亮的妙齡女子！」

「這個設定，真的不太合理！比業餘更業餘！」

「第二，你是這麼優秀的男人，更是一個頂天立地的大男人，正好作為人家的掩護。」

「好！非常好！一切包在我身上！」國強爽快答應，隨後卻認真的問。「對於這個角色，我有最少三十二種不同的演繹方法，你想我內斂之中帶點浮誇？抑或凶殘暴戾之中帶點玩世不恭？」

「你越浮誇越好！吸引越多敵人的注意！我倆趁機會偷襲他們！以小勝多！」

「大姐大」再次在火鍋店外現身，拿著揚聲器，向店內眾人放話。

「勞倫，你這個狗養的，你馬上連人帶黃金的滾出來受死！」

Baby G 拿起雙槍，向國強打個眼色，示意他立即行動。

馬義將面罩拋給國強，國強單手接過。

國強戴回面罩，輕鬆地行到火鍋店窗前。

Baby G 雙手拿槍，瀟灑地行到國強背後。

國強對 Baby G 點頭，示意已準備就緒，然後向天空開了一槍。

「『大姐大』，我給妳五分鐘時間！只要妳立即帶同手下滾回家，我保妳們全屍！」

「我呸！你是誰？你有什麼資格跟老娘說話？」

「四個字：『東郭先生』！」

「『東郭先生』！？……」「大姐大」如雷貫耳。

國強突然即興演出，跨張地跳起 Michael Jackson 的 Moonwalk 舞步，完全將氣氛搞亂了。

「正是殺手排行榜第七位的——『東郭先生』！」

「『東郭先生』，久仰大名！那狗養的給你多少，老娘給你十倍！」

「妳才是狗養的！不！妳連狗養的也不如！妳一身屎蟲般的惡臭，連妳手下也討厭妳！」勞倫非常激動，趁機會盡吐冤屈氣，莎拉想阻止他卻來不及。

「我呸！你這個狗養的，就算有『東郭先生』幫手，又如何？難道可以對付咱們這麼多人？」

「自信一點，跟我講：」Baby G 認真的對國強說。「你們已經被包圍！」

「你們…已經被包圍嘿！」國強最後還是笑了出來。

Baby G 雙手拿槍，行近落地玻璃前。

「你只有一個人，如何包圍咱們呀？」

「認真一點，繼續跟我講：你們已經被我的子彈包圍！」Baby G 充滿威嚴。

「你們已經被我的子彈包圍！」國強繼續忍笑。

「我呸！你只有一支槍，如何用子彈包圍咱們？」

Baby G 在國強背後，雙手連環開槍。

「大姐大」的手下紛紛倒下，慘叫聲此起彼落。

「哎呀！哎呀！哎呀！哎呀！哎呀！哎呀！哎呀！哎呀！哎呀！」

「大姐大」看見手下只是受傷，冷笑一聲。

「我呸！沒有一槍中要害！你的眼界太差了！」

「我只傷不殺，放他們一條生路，」

「我，只傷不殺，放他們，一條生路！」

「一來我不做蝕本生意，」

「一來，我不做，蝕本生意！」

「二來命是他們的，不是妳的！」

「二來，命是他們的，不！是！妳！的！」

部份「大姐大」受傷的手下開始四散逃跑。

「轟！轟！轟！——」

突然響起詭異的槍聲！

「哎！呀！嗚！——」

隨即響起絕望的哀號！

「大姐大」突然向這些逃跑的手下開槍。

「你們這些狗養的，沒有我的命令，誰也不准許離開！」

「妳給我閉嘴！」國強激動起來，即場發揮，暴喝一聲。

Baby G 配合國強，向「大姐大」開槍，子彈在她耳邊擦過。

「哎呀！——」「大姐大」掩耳，叫痛。「撤退！狗養的馬上保護老娘撤退！」

「大姐大」和手下急忙撤退，火鍋店外一片混亂。

國強回頭，向 Baby G 豎起姆指讚好，對她佩服得五體投地。

Baby G 對國強自信一笑，帥氣地吹了一下從槍嘴冒出的輕煙。

這個時候，馬義終於明白什麼是「理想的工作」！

不是「你想幹的工作」，也不是「你老闆想你幹的工作」，亦不是「你想幹你老闆想你幹的工作」，更不是「你老闆想你幹他想你幹的工作」！

真正「理想的工作」，不是為別人賣命，而是拯救別人的生命！即使那個人只有不夠一個月的短暫生命……

第十七幕

馬義、莎拉和小貓一起為 Baby G 和國強鼓掌。

國強耍帥地脫下面罩，向眾人鞠躬致意。

「這絕對是我人生最精彩的一次演出！」

「『大姐大』暫時撤退，我們馬上抓緊時間，從地下室逃走！」勞倫深情地望著莎拉。「然後立即送莎拉去醫院。」

「『路人甲』呢？」國強關心倒臥地上的另一位「臨時演員」。

「『路人甲』負責殿後。」Baby G 果斷的回應國強。

「好！我們爽快動手吧！」

馬義和國強準備行向雜物房，搬走房內的雜物。

這個時候，更大的危機出現了——

小貓竟然胎動了！

「哎呀！」小貓非常痛苦的表情。

「出事了！她流出大量羊水！」

「快召喚救護車吧！」

「來不及了！必須立即為她接生！」

小貓痛苦的倒在地上呻吟。

「好！非常好！」國強仍然以為小貓在演戲，忍不住鼓掌叫好。「太逼真了！實在太逼真了！」

馬義看見小貓流出的羊水內的血水，面色一變。

「血啊！……我要暈了！」

馬義隨即暈倒在國強懷內。

「馬大哥，你何時加了『怕血』的設定？」

「你快跟他做人工呼吸！」Baby G 指揮國強。

「我？…我不懂人工呼吸…」國強望向勞倫。「你來吧！」

「我？…男男授受不親呀！」勞倫望向 Baby G。「妳來吧！」

小貓突然慘叫一聲。

「我要生了！」小貓一臉痛苦。

「我來吧！」莎拉自告奮勇。

「妳幫他做人工呼吸？」勞倫大驚。

「我來接生！」莎拉開始舒展筋骨。

勞倫喘了一口氣，卻隨即嚇了一跳。

「厲害！妳竟然懂接生？」國強為莎拉鼓掌。

「大學時，我曾經在婦產科實習，應該可以。」莎拉強裝輕鬆。

「妳當年實習，只是負責配藥，妳真的可以？」勞倫擔憂地問。

「應該可以……」莎拉支吾以對。

「讓我來吧！某次我為了接觸目標，曾經假裝護士，對於婦產科，略懂一二！」Baby G 的神情也有點猶疑。

「略懂一二？」勞倫更擔憂的表情。

「難道你有其他方法？」Baby G 語氣豪邁地反問。

勞倫無言以對時，小貓再慘叫一聲。

「我要死了！」小貓感到一陣撕心裂肺般的劇痛。

「你們快來幫手！」Baby G 冷靜地指揮國強和勞倫。

「請問可以如何幫手？」

「你們快點將桌子搬過來！」

Baby G 先指揮國強，再指揮莎拉。

「妳立即去準備熱水！」

莎拉點頭，立即走入廚房。

國強將馬義放在地上，和勞倫一起將木桌移到 Baby G 和小貓面前，掩著小貓的下半身。

莎拉從廚房拿出一盤熱水。

「所有男人給我後退三步！」

國強和勞倫立即後退，勞倫隨便後退一步，國強卻認真的後退了三步。

馬義慢慢甦醒過來，嘗試爬起身，卻看見 Baby G 為小貓接生的場面，再次感到天旋地轉，國強立即上前將他拖走。

店外突然再次響起槍聲，「大姐大」和她的手下回來了。

只見「大姐大」穿上了避彈衣，並且戴上了頭盔。

「找死！」勞倫暗罵一聲。「他們全都是找死！」

「小貓，山雞已經給老娘幹掉了！妳馬上滾出來！否則……」

國強以為是另一幕高潮，英勇地行向已破碎的落地玻璃。

「妳這個醜惡的大媽，快給我閉嘴！我們現在很忙！沒時間招呼妳！」

「可惡也！」「大姐大」盛怒。「殺無赦！」

「大姐大」的手下立即開槍，這次火力更強大。

火鍋店內，再次一片槍林彈雨，大家慌忙躲起來。

除了國強，他仍以為是電腦特效，輕鬆地行回馬義身邊。

「我開始有點混亂，跟不到最新劇情，請問山雞是誰？」

馬義也毫無頭緒，立即望向小貓。

「小貓？⋯⋯」

馬義看見地上的鮮血，立即避開，望向遠處。

「山雞⋯就是那個混蛋！⋯」小貓咬牙切齒。「他是『大姐大』的⋯低級手下⋯⋯」

「馬大哥，『大姐大』竟然連自己人也幹掉？這個設定實在太變態了！」國強頓了一頓，隨即歡喜若狂。「但我喜歡！正呀喂！」

Baby G 突然靈光一閃，立即靠近小貓，細聲問她。

「難道妳的父親是⋯⋯？」

「哎呀！」小貓痛苦慘叫，打斷了 Baby G 的話。

「哎呀！」

槍林彈雨中，勞倫為莎拉擋了子彈，慘叫一聲，重傷倒下。

莎拉看見勞倫為她受傷，既感動，又傷感，立即移近他的身旁。

「你明知我在火鍋裡下毒害你，你為何仍要救我？」莎拉柔聲問勞倫。

「能夠為妳而死⋯死得最有價值！」勞倫滿足地苦笑。

「對不起⋯我⋯我對不起你⋯」莎拉愧疚不已。

「妳⋯逃出生天後，立即去醫院⋯解毒⋯」勞倫吃力地對莎拉說。

「我不用去醫院！」莎拉大為感動，卻有點難以啟齒。「火鍋裡根本沒有毒！」

「沒有毒？……」勞倫乍驚乍喜，忍不住輕聲責備莎拉。「妳幹嗎要欺騙我？……」

「我只是一時之氣，打算跟你開個玩笑，看看你緊張的表情……」莎拉溫柔地笑著道歉。

勞倫知道莎拉沒有中毒，興奮地跟她激情擁吻，打斷了她的話，卻觸動了傷口，再次流血。

「哎呀！」勞倫叫痛。

「哎呀！」小貓更痛。

馬義看見勞倫流出大量鮮血，再次感到頭暈。

Baby G 立即清脆地摑了馬義一巴掌。

「醒呀！振作呀！你來為小貓接生！」

「我？…接生？！」馬義手足無措。

「讓我來吧！我喜歡 Baby 啊！」

國強很想領教小貓的精彩演技，Baby G 卻突然用槍指著他的額頭。

「你給我閉嘴！如果你真的喜歡 Baby，跟我一起繼續演好這場戲！」

「好啊！」國強為馬義打氣。「馬大哥，小姑娘就交給你了！加油！」

馬義開始感到頭暈時，國強興奮地跟 Baby G 一起行向落地玻璃前。

這個時候，馬義終於明白，他自編、自導、自演的這一場《襲擊火鍋店》，由故事結構到角色設定都非常有問題！

然而，作為一段「英雄旅程」，在陰差陽錯之下，他已順利來到第三幕【歸返】，只差「跨越歸返的門檻」，就可以絕地反擊，擁有一個完美的結局了！

只是……

第十八幕

國強行近落地玻璃，Baby G 跟隨在他身後。

「舉高雙手！」Baby G 突然下達奇怪的指令。

「什麼？」國強愕然。

「聽我指揮！舉高雙手！」Baby G 厲聲。

國強雖然覺得不合理，但他以為只是即興的舞台演出，不再多想，聽從 Baby G，慢慢舉高雙手，行到落地玻璃前，「大姐大」可以看見他的位置。

「大姐大」立即示意手下停火。

「停！大名鼎鼎的『東郭先生』，居然也有窮途末路，需要投降求饒的一天？」

「跟我講：我剩下最後一顆子彈，你們趕快逃命吧！」

「什麼？」國強對 Baby G 做出一個誇張表情。

「跟我講！」Baby G 目光冷酷，更厲聲。

國強開始有點佩服「偶像」的異想天開。

「我剩下最後一顆子彈，你們趕快逃命吧！」

「我，剩下，最後，一顆，子彈，你們，趕快，逃命吧！」

「我呸！」「大組大」覺得太荒謬，忍不住恥笑「東郭先生」。「就算你再厲害，只有一顆子彈，你還可以幹什麼？」

「就算我只剩下最後一顆子彈，」

「就算我，只剩下，最後，一顆，子彈，」

「也足夠令你們全部完蛋！」

「也足夠，令你們，全部，完蛋！」

「就像某人只剩下最後一個月壽命，」

「就像，某人，只剩下，最後，一個月，壽命，」

「也可以活得痛痛快快，」

「也可以，活得，痛痛快快，」

「死得轟轟烈烈！」

「死得，轟！轟！烈！烈！」

「我咗！痛痛快快？轟轟烈烈？就看你如何用一顆子彈，令咱們全部完蛋？」

「必殺技！」

「必！殺！技！」

「『子彈急轉彎』！」

「『子彈急轉彎』？」國強先錯愕，後偷笑，反問 Baby G。「拜託！這一招也太過份了吧！」

「不要問，保持氣勢，大聲跟我講：『子彈急轉彎』！」

「子！彈！急！轉！彎！」

國強忍笑，以聲音和身體語言，更誇張地演出。

Baby G 在國強掩護下，施展出她最厲害的槍法。

大姐大的手下逐一倒下，慘叫聲此起彼落，就像環迴立體聲的效果。

「哎呀哎呀哎呀哎呀哎呀呀呀呀呀呀呀呀呀呀呀呀呀呀呀呀呀呀呀呀！」

轉了一圈的神奇子彈，最後回到火鍋店內，將其中一吊盞燈打破。

「逃命！狗養的馬上保護老娘逃命！」

黑暗中，除了「路人甲」微弱的呻吟聲，更響起一片「大姐大」及手下逃命時的混亂聲音。

這個時候，馬義終於明白，人生，果然充滿不同的可能性啊！

正如怕血的他，初戀竟然是一個麻辣火鍋！又例如Baby G只需要一顆子彈，就可以令「大組大」的手下全部完蛋！

如果馬義在他年輕時就明白這個簡單的道理，他在祈求「死得轟轟烈烈」之前，早已經可以「活得痛痛快快」！

慶幸，也感恩，他現在明白仍未算太遲……

第十九幕

小貓臨盤在即，莎拉一邊壓著勞倫的傷口，以加壓法為他止血，一邊安撫小貓。

「放鬆！」莎拉有節奏的說。

「哎呀！」小貓的表情痛苦。

「放鬆！」莎拉繼續安撫小貓。

「哎呀！」小貓的表情更痛苦。

「這樣吧！妳告訴自己，妳現在不是在生孩子，妳是在吃妳最喜歡的麻辣火鍋！」莎拉人急智生。

「我麻辣你個火鍋啊！」小貓痛苦得語無倫次。

「馬先生，拜託你了！」莎拉提醒馬義是時間出手。

馬義雖然害怕看見鮮血，仍然鼓起勇氣，嘗試為小貓接生。

「吸氣！呼氣！」莎拉刻意提高聲量。

「吸氣！呼氣！」馬義閉著兩眼和應。

小貓突然慘叫一聲。

「我麻辣你個火鍋啊啊啊啊！」小貓痛苦得面容扭曲。

「看見 Baby 了！繼續努力！」莎拉同時鼓勵小貓和馬義。

馬義別個臉不敢觀看，慢慢伸出雙手。

「吸氣！呼氣！」莎拉有節奏地說。

「吸氣！呼氣！」馬義慌亂地和應。

小貓突然忘情地咬著馬義的手臂。

「我火鍋你個麻辣啊啊啊啊啊！」馬義大叫。

「你在叫什麼呀？」莎拉責難馬義。

「我的手…我的手……」馬義叫苦。

「繼續！不要停！」莎拉同時對小貓和馬義說。

馬義立即閉上雙眼，雙手緊握著嬰孩。

「吸氣！呼氣！」莎拉同時指揮二人。

「吸氣！呼氣！」馬義緊隨節奏和應。

過了一會，火鍋店內響起嬰孩的哭泣聲。

國強和 Baby G 剛巧殺退「大姐大」回來。

Baby G 立即上前，從馬義手中接過嬰孩。

「你來接手！」Baby G 指示國強照顧勞倫。「壓著他的傷口位置！」

莎拉累極了，倒臥在一旁，喘了幾口氣，關切地望著勞倫。

Baby G 拿出匕首，閃電般出手，瀟灑地為嬰孩剪掉臍帶。

Baby G 為初生嬰孩清潔後，用布包起他，交到小貓手上。

「是男孩子！」

「小貓，恭喜妳！」馬義仍是閉著眼。

小貓接過兒子，感激地望向馬義。

「我不想死了！」

馬義興奮地睜開兩眼。

「我們都要好好活著！」

然而，當馬義看見地上一片鮮紅，他差不多暈倒了……

就在最黑暗的一刻，小貓的孩子誕生了，大家彷彿在絕望中再次看見希望。

火鍋店外，突然響起警車高亢的聲音，以及混亂嘈雜的人聲。

Baby G 聚精會神，耳聽八方，突然臉色一變，然後瀟灑一笑。

「『大姐大』和她的手下，都被警察制服了！」

這個時候，馬義對 Baby G 無言感激，因為他已有所感悟。

我們都不能選擇自己的出生，但可以選擇讓自己「重生」！

馬義就像你和我，一直苦惱什麼是「人生的意義」？在他見證小貓兒子出生的一刻，終於找到了答案……

第二十幕

「以下是一則特別新聞報導！」

機場候機室內的電視廊，正播放著一則匪夷所思的新聞報導。

「警方昨夜大舉出動，展開名為『打邊爐』的特別行動，拯救了一名被綁架的未成年少女，並搗破一個龐大的犯罪集團，拘捕超過一百人，包括廿三名骨幹成員。

「該犯罪集團多年來利用合法的業務，掩飾他們賣淫、洗黑錢、以及恐嚇勒索的非法勾當。警方在行動中與犯罪集團的成員進行了激烈槍戰，外號『大姐大』的集團主腦被當場擊斃，行動中還檢獲兩輛私家車、一輛摩托車，相信為犯罪所得。

「行動中，警方成功拘捕了一名外號『路人甲』的極度危險通緝犯，警方不排除『路人甲』與『大姐大』領導的犯罪集團發生衝突，並展開連場槍戰。

「是次行動的指揮官黃啟發督察表示，警方高度讚揚英勇將匪徒制服的好市民馬義，但當被追問該名未成年少女是否傳聞中城中首富失蹤多時的女兒，他只是不斷回覆『無可奉告』、『無可奉告』、『無可奉告』……」

※

機場候機室的電視廊，看似是一對普通情侶的 Baby G 和國強，彷彿旁若無人，正在溫馨細語。

「你成為了我的拍檔，以後就要醒目一點，不要有損『東郭先生』的威名喲！」

「偶像，『東郭先生』的介紹，是否需要修改為『充滿愛心的雙行殺手』呢？」

「傻瓜，你是『明・東郭先生』，我是『暗・東郭先生』，我倆二合為一，一起飾演『東郭先生』喲！」

「偶像，妳之前跟我說，為了掩人耳目，我需要繼續飾演妳的『情人』，對於這個角色，我有最少七七四十九種演繹方法，妳想我……」

Baby G 突然打斷了國強，跟他來了一個激烈擁吻。

熱吻過後，Baby G 深情地對國強說：

「傻瓜，忘記那些什麼演技方法！從今以後，我們一起以愛心懲戒壞人……」

這次輪到國強打斷了 Baby G，他再次突破「第四面牆」，向他幻想中的觀眾做了一個勝利手勢後，反客為主地跟他的偶像來一個更激烈的擁吻……

※

鏡頭一轉，來到海邊的教堂。

溫馨的海浪聲中，《結婚進行曲》悠然響起。

只見身穿白色禮服的勞倫，以及簡約婚紗的莎拉，手牽著手的步出教堂。

「美國有幾間著名大學，都對『鬼見愁』的配方好有興趣，我想繼續研究工作，你會支持我嗎？」

「當然！享受完 Baby G 送給我們的超級大獎，在美國蜜月旅行後，我一於『陪太太讀書』，好好善用妳的嫁妝，發展我們的事業，進軍美國華爾街！」

親友和賓客為勞倫和莎拉拋撒花瓣的一刻，他倆深情擁吻。

※

轉頭再轉，來到醫院的戶外草地旁。

一身病人打扮、戴著冷帽、坐在輪椅上的馬義，以及抱著嬰孩的小貓，在寧靜中享受午後的陽光。

馬義雖然一臉倦容，卻幸福地看著小貓，小貓雖然仍未有母親的模樣，卻充滿愛心的看著懷內的兒子。

輕風吹過，馬義突然打了個噴嚏。

小貓拿出紙巾，有點笨手笨腳的照顧馬義。

「乾爹，是否太大風，我們回病房啦！」

「不用，我想和小馬義一起，享受陽光和微風。」

「坐多一會兒好了，你等會還要接受檢查，小馬義也要吃奶。」

「辛苦了妳，這段時間一直陪伴著我……」

「不辛苦！我照顧小馬義，比照顧你更辛苦啦！」

「咳…」馬義不禁苦笑。「無論如何，謝謝妳！」

「不用謝我！你是最疼惜我的乾爹，而且……」

「而且？」

「而且你是一個『轟轟烈烈的男人』！」

小貓和馬義一起幸福地做出那個代表「轟轟烈烈」的手勢，然後補充一句。

「可惜……」

「可惜？」

「可惜你也是一個傻瓜中的傻瓜！」

「我是一個傻瓜中的傻瓜？」

「傻瓜不會感冒，傻瓜中的傻瓜，即使患上絕症也可以康復！」

「莎拉小姐的『極樂辣・鬼見愁』，竟然能夠消滅著癌細胞，實在太神奇了！」

「我終於明白，她的火鍋為什麼會命名為『鬼見愁』，果然是連厲鬼看見也會發愁的生化武器！」

「我本來打算死得轟轟烈烈，結果……」

「死得轟轟烈烈的卻是你身體裡的癌細胞！」

馬義感恩一笑，想起莎拉對於「鬼見愁」的介紹……

「是火鍋，卻不只是火鍋！我們只賣麻辣火鍋，實際上卻又不是麻辣火鍋……」

馬義不禁回想起莎拉如果遇見「火鍋之神」的第二個願望……

「我希望每位喜歡『鬼見愁』的朋友，包括你，馬先生，都可以身體健康，長命百歲！」

「乾爹，你現在已經是醫學奇蹟，肯定不只長命百歲，你要答應我，好好看著你外孫長大成人！他是因為你而來到這個世界的啊！」

小貓突然抱起小馬義，讓孩子輕輕親吻恩人的臉龐。

※

一個月前，當馬義絕望地構思《襲擊火鍋店》時，怎會想到他在「臨終前」竟然可以擁有令人難以置信的幸福？

一個患上絕症的低級職員、一個知音難求的獨行殺手、一個懷才不遇的臨時演員、一個生無可戀的未婚媽媽、一個苦等真愛的癡情怨婦、一個窮途末路的世紀賤男……

這一群失敗者中的失敗者，偶遇於「薩拉熱鍋」，分別遇上了人生的轉捩點，交織出一場有笑有淚有愛有情有生有死有義的「最後晚餐」！

他們都堅持到最後！他們都在絕境裡「重生」！他們都找到了屬於自己的幸福！

至於既是主角也不是主角的馬義，他已經不再只是一個人，也不再只是一個「好人中的好人」！

他無懼死得轟轟烈烈！

結果卻活得痛痛快快！

這就是他的幸福人生！

因為一餐火鍋而改寫的「第二人生」……

【熱鍋上的馬義】／完

尾聲

熱烈的掌聲和歡呼聲。

身兼編劇和導演、那位總是自稱「內向、憂鬱而文靜的作家」，連同八位演員，一同謝幕。

「感謝大家！感謝各位台前幕後！感謝入場支持我們的各位觀眾！我特別要感謝『打邊爐教授』，以及在香港和台灣觀看直播的各位朋友！」

我在已轉型為「Co-Entertainment Space」的火鍋店裡，在熱鬧的氣氛下，一邊品嚐美味火鍋，一邊透過人氣 youtube 頻道「香港味道實驗室」觀賞舞台劇《熱鍋上的馬義》在倫敦演出的直播，好特別的嶄新體驗。

那位作家，也是這齣舞台劇的導演和編劇，在「打邊爐教授」接手繼續營業這間火鍋店的首個晚上，曾經將這裡變成「情境劇場」，借用那位作家的說法，這是一次「實驗劇場」，演出由他的小說故事改編，名為《吃完這片肥牛便分手》，結合餐飲的舞台劇，他稱之為「餐飲劇場」。

這次香港之旅，比想像中更充實！

感謝在福岡遇見的「美食旅人」，是她向我大力推薦「打邊爐教授」，果然是一個有學識又有遠見的經營者。

除了「打邊爐教授」、彩虹邨金碧酒家的強哥、北角鳳城酒家的景叔、灣仔生記飯店的Jeff，我還走訪了很多不同的「美食家」，包括：「食肓師」車老師、「神秘顧客X」、擅長撰寫美食新聞稿的「宣傳主任」Venus、自稱「美食大魔王」的散水餅達人……我也結交了很多同樣熱愛香港美食的新朋友，加深了我對「香港味道」的知識，甚至智慧。

「香港味道」令我著迷的，不只是食物本身，還有「香港味道」背後的不同「香港人」的故事，以及他們的「人生」。

「人生如戲！我們敬『人生』一杯！」

直播的大電視螢幕上，作家突然豪邁地舉杯。

火鍋店裡，「打邊爐教授」和我們也一同舉杯。

「戲如人生！我們敬這個城市一杯！」

敬「香港人」和「香港味道」一杯！

【全書完】

後記

再次感謝大家的支持！《回憶中的香港味道》系列已來到第四卷了！《回憶中的香港味道》系列，是我為了香港而創作的「飲食文學」，也是屬於你和我的故事。

《回憶中的香港味道》記錄了移民潮下的眾生相，《回憶中的香港味道2》探討留下來的人如何好好生活，《回憶中的香港味道3》研究如何保留和傳承「香港味道」，《回憶中的香港味道4》就是嘗試發掘「香港味道」的各種可能性。

《回憶中的香港味道4》講述日本記者Akina來香港走訪不同的「美食家」，繼續連結起舊作《打邊爐》和《愛。因思坦症候群》系列、擴闊《回憶中的香港味道》系列的時空，剛巧呼應了今年香港書展主題「飲食文化・未來生活」，希望可以面向國際，放眼未來。

《回憶中的香港味道4》本來不是現時看見的八個故事，在卷三被抽起的兩個短篇，本來應該是這一卷的基礎，但我繼續狠心棄用，反而幾個構思多年的故事得以成為「出土文物」，卻因為我在不同旅途上的見聞和經歷而一再改寫。

2025 年上半年，雖然奔奔波波，卻是非常充實！5 月上旬，邱萬城和我聯合創作的《那個下午，我在露台煎西多士》獨腳戲，於對我具有特別意義的中環藝穗會演出 6 場。另外，我總共飛了 4 次：2 月上旬參與台北書展，在書展最後一天分享了「香港飲食文化與日常生活」；3 月中旬展開《茶餐廳的親善大使》亞洲巡迴演出的旅程，第一站在東京「八十港」，5 月下旬第二站在台北「再聚 Reunion Place」；6 月下旬，突然快閃台北，處理台北藝穗節的事宜。這些演出和旅程，直接影響了這一卷各個故事的發展。

《回憶中的香港味道 4》是一群「美食家」的故事，透過不同的「香港味道」，各自重新發現「我是誰」。

第一章的主角是「食育師」，他是一個非常喜歡吃車仔麵，以不同「香港味道」來教育大家好好生活的人生導師，所以名為「車老師」，他也是《那個下午，我在露台煎西多士》獨腳戲裡的一個隱藏角色，他將會教導大家如何「談一場像車仔麵的戀愛」。（本來這一章的主角名叫 Hide，想搞「食育秀」的爛 Gag，但校對後覺得不太合適，故此改為更爛 Gag 的「車老師」……）

第二章《分岔的感情線》的女主角是一個公關公司的撰稿員，專門負責餐廳和美食的推介，被形容為「『美食家』背後的女人」。這是一個以「三餐」作為working title的愛情故事，富二代和新一代AI教主同時愛上她，她應該如何抉擇？期待這個故事盡快改編成為「餐飲劇場」。

第三章【冰箱裡，XO醬的餘溫】的主角是「神秘顧客」，最愛對測試的餐廳給予嚴厲和惡毒的評論。這一章的主題是「母親的味道」，討論的「香港味道」，並非點題的XO醬，而是不同的湯水……

第四章【幸福快餐車～香港味道@福岡～】的主角是以「小鳥遊」作為網名的「美食旅人」，她的真正身份，其實是《打邊爐》裡【幸福的花膠雞湯】的其中一個主角，但因為某些原因，決定將她改名為「Tori」，然而，這一章的重點是《愛。因思坦症候群》系列裡的神秘角色Einstein再度正式登場，不排除將會在未來有更重戲份。

這一章花了超過一星期的時間，經過不斷的反覆修改，甚至刪掉了一半內容後重寫，結果篇幅暴升了一倍以上。因為去年年底參觀了橫濱的拉麵博物館，5月在台北演出後飛了一轉福岡，這一章的背景因而由北海道改為福岡，並且加上有大量香港和日本的飲食文化和歷史，足以顛覆大家對日本拉麵、餃子、唐揚和水炊鍋的認知，大家請做好心理準備，接受意想不到的文化衝擊吧！

第五章《身為社畜的我，離職前用散水餅向暗戀對象告白失敗，竟然轉生到異世界成為美食大魔王？！》，可算是全本小說最瘋狂的一章！這一章不只是解開「散水餅」的謎團，如果你熟悉近年日本的動畫和輕小說，相信會睇得非常開心！（個人最好奇有誰知道主角「滿太郎」的名字是取自哪套日本漫畫？）

第六章《準備好大吃一場・升級版》的主角，正是在卷二曾經登場的「城市記錄員」！但是在邱萬城的啟發下，他今次升級／轉型為「城市守望者」，跟來自日本的 Akina，一起守護歷史，傳承文化，放眼未來，以美食「制霸香港」……

第七章是貫穿了整個系列的「四人夜話」，記錄了《茶餐廳的親善大使》去年在香港「永發茶餐廳」，以及今年在台北「再聚 Reunion Place」的演出，並且將老闆 Terry 回饋社會的「Co-Performance Space」概念，升級為「Co-Entertainment Space」。如果下次舉辦「餐飲劇場」，ABCD 餐可以嘗試分別是「小池榮子雜會炒河」、「周潤發炒麵」、「古天樂炒米粉」和「劉青雲魚翅撈飯」，大家會如何選擇？但更重要的是，大家知道這四味以明星冠名的菜式的典故？

第八章【熱鍋上的馬義】是由以多年前演出的「打邊爐」舞台劇劇本轉化而成，原本不是 Happy Ending，但我經過再三考量，決定改寫結局，希望可以為大家帶來鼓勵和希望。

※

再次感謝陳明老師的精美封面！感謝讓《回憶中的香港味道4》順利出版的每一位朋友，以及每一位購買了這本小說的讀者，您們讓這個香港「飲食文學」系列走得更遠！

《回憶中的香港味道4》順利出版後，我就要籌備下半年的不同演出：9月台北藝穗節的《移民前的最後100餐》、《茶餐廳的親善大使》亞洲巡迴演出的第三站、第四站和第五站，還有另外兩個同樣改編《回憶中的香港味道》系列故事的「餐飲劇場」，演出場地和形式，將會令大家耳目一新，敬請密切留意！

由《打邊爐》到《回憶中的香港味道》，我仍在不斷學習中，致力讓屬於香港的「飲食文學」可以精益求益。期待透過我的文字和活動，為大家帶來更多有關「香港味道」的嶄新體驗！一起努力！加油！

何故

2025年7月1日，「七彩金碧懷舊夜宴」翌日。

回憶中的香港味道 4

系　　列：飲食文學

作　　者：何故

出　　版：一品娛樂有限公司

編　　輯：莉莉絲

美術設計：此時此刻製作公司

承　　印：新設計印刷有限公司

香港發行：一代匯集

地　　址：九龍旺角塘尾道 64 號龍駒企業大廈 10 樓 B & D 室

電　　話：(852) 2783-8102

傳　　真：(852) 2396-0050

市場策劃：SONIC BUSINESS STRATERY COMPANY

電　　話：(852) 5702-3624

出版日期：2025 年 7 月初版

定　　價：港幣 128 元正 / 新台幣 380 元正

國際書號：978-988-16661-7-8

圖書分類：(1) 流行文學 (2) 飲食文化

Published & Printed in Hong Kong